高职高专"十二五"规划教材

湿法冶金——电解技术

主　编　陈利生　余宇楠
副主编　张志军　谢克强

北　京
冶金工业出版社
2025

内 容 简 介

全书内容共分9章，按照工作过程系统化的思路，在介绍电解技术基础知识后，简明扼要地介绍了铜、铅、锌、锡、镍、银、金等金属电解生产的精炼原理、工艺流程、设备构造、生产操作、故障排除、技术条件和主要经济技术指标，以及阳极泥的处理方法；各章均配有复习思考题。

本书为高职高专院校冶金技术专业教材，也可供电解企业技师和高级技师培训使用。

图书在版编目（CIP）数据

湿法冶金：电解技术/陈利生，余宇楠主编 . —北京：冶金工业出版社，2011.8（2025.1 重印）

高职高专"十二五"规划教材

ISBN 978-7-5024-5485-2

Ⅰ.①湿… Ⅱ.①陈… ②余… Ⅲ.①湿法冶金—电解—高等职业教育—教材　Ⅳ.①TF111.3

中国版本图书馆 CIP 数据核字（2011）第 133882 号

湿法冶金——电解技术

出版发行	冶金工业出版社	**电　话**	(010)64027926
地　址	北京市东城区嵩祝院北巷 39 号	**邮　编**	100009
网　址	www.mip1953.com	**电子信箱**	service@ mip1953.com

责任编辑　宋　良　高　娜　美术编辑　彭子赫　版式设计　葛新霞
责任校对　王贺兰　责任印制　窦　唯
三河市双峰印刷装订有限公司印刷
2011 年 8 月第 1 版，2025 年 1 月第 8 次印刷
787mm×1092mm　1/16；10.25 印张；242 千字；148 页
定价 28.00 元

投稿电话　(010)64027932　投稿信箱　tougao@cnmip.com.cn
营销中心电话　(010)64044283
冶金工业出版社天猫旗舰店　yjgycbs.tmall.com
（本书如有印装质量问题，本社营销中心负责退换）

序

　　昆明冶金高等专科学校冶金技术专业是国家示范性高职院校建设项目，中央财政重点建设专业。在示范建设工作中，我们围绕专业课程体系的建设目标，根据火法冶金、湿法冶金技术领域和各类冶炼工职业岗位（群）的任职要求，参照国家职业标准，对原有课程体系和教学内容进行了大力改革，以突出职业能力和工学结合特色为核心，与企业共同开发出了紧密结合生产实际的工学结合特色教材。我们希望这些教材的出版发行，对探索我国冶金高等职业教育改革的成功之路，对冶金高技能人才的培养，起到积极的推动作用。

　　高等职业教育的改革之路任重道远，我们希望能够得到读者的大力支持和帮助。请把您的宝贵意见及时反馈给我们，我们将不胜感激！

昆明冶金高等专科学校

前　言

本书是按照教育部高等职业技术教育高技能人才的培养目标和规格，和高技能人才应具有的知识结构、能力结构和素质要求，依据昆明冶金高等专科学校"三双"（双领域、双平台、双证书）冶金高技能人才培养模式，结合湿法冶金——电解技术最新进展，参照行业职业技能标准和职业技能鉴定规范，根据相关企业的生产实际和岗位群的技能要求编写的，力求体现工作过程系统化的课程开发理念。

书中内容以培养具有较高专业素质和较强职业技能，适应企业生产及管理一线需要的"下得去，留得住，用得上，上手快"冶金高技能人才为目标，贯彻理论与实际相结合的原则，力求体现职业教育针对性强、理论知识实践性强、培养应用型人才的特点；在内容的组织安排上力求少而精，通俗易懂，理论联系实际，切合生产的实际需要，突出行业的特点。

书中按照铝电解生产的完整工作过程，逐一介绍了电解技术基础知识、铜电解精炼技术、铅电解精炼技术、锌电解沉积技术、锡电解精炼技术、镍电解精炼技术、银电解精炼技术、金电解精炼技术、阳极泥处理等内容。为便于读者自学，加深理解，学用结合，各章均配有复习思考题。

本书第1、2、4、5、6章由昆明冶金高等专科学校陈利生、余宇楠和昆明理工大学谢克强编写，第3、7、8、9章由云南永昌铅锌有限公司张志军、昆明冶金高等专科学校陈福亮、全红、杨桂生、李柏村和兰州大学卢星编写，全书由昆明冶金高等专科学校陈利生、余宇楠统稿并担任主编，云南永昌铅锌有限公司张志军、昆明理工大学谢克强担任副主编。

由于编者水平所限，书中不妥之处在所难免，敬请广大读者批评指正。

编　者
2011 年 5 月

目　　录

1 电解技术基础知识

1.1 概述

1.1.1 电解的实质、分类与应用

电解（水溶液电解）是湿法冶金过程中一个重要的单元过程，在金属提取过程中起着非常重要的作用。

电解的实质是电解能转化为化学能的过程。电解分为水溶液电解和熔盐电解。水溶液电解是在水溶液电解质中，插入两个电极——阴极与阳极，通入直流电，使水溶液电解质发生氧化-还原反应，这个过程，叫做水溶液电解。

水溶液电解时，因使用的阳极不同，有可溶阳极与不可溶阳极之分。从浸出（或经净化）的溶液中提取金属，采用不溶性阳极电解，称为电解沉积；从粗金属、合金或其他冶炼中间产物（如锍）中提取金属，采用可溶性阳极电解，称为电解精炼。

有色金属的水溶液电解质电解应用在两个方面：

（1）从浸出（或经净化）的溶液中提取金属；

（2）从粗金属、合金或其他冶炼中间产物（如锍）中提取金属。

可见，两种电解是有差别的，但它们的理论基础都遵循电化学规律。

1.1.2 电解过程

电解过程是阴、阳两个电极反应的综合反应过程。

当直流电通过阴极和阳极导入装有水溶液电解质的电解槽时，水溶液电解质中的正、负离子便会分别向阴极和阳极迁移，并同时在两个电极与溶液的界面上发生还原与氧化反应，从而分别产出还原物与氧化物。

在电极与溶液的界面上发生的反应叫做电极反应。在阴极上，发生的反应是物质得到电子的还原反应，称为阴极反应。在阳极上，发生的反应是物质失去电子的氧化反应，称为阳极反应。

1.1.2.1 阴极反应

水溶液电解质电解过程的阴极反应，主要是金属阳离子的还原，结果在阴极上沉积出金属，例如：

$$Cu^{2+} + 2e \longrightarrow Cu$$
$$Zn^{2+} + 2e \longrightarrow Zn$$

在阴极反应的过程中，也有可能发生副反应：

$$H_3O^+ + e \longrightarrow \frac{1}{2}H_2 + H_2O \text{（在酸性介质中）} \tag{1}$$

$$H_2O + e \Longrightarrow \frac{1}{2}H_2 + OH^- \quad (在碱性介质中) \tag{2}$$

$$O_2 + 2H_2O + 4e \Longrightarrow 4OH^- \tag{3}$$

$$Me_i^{z+} + z_i e \Longrightarrow Me_i \tag{4}$$

$$Me_h^{z+} + (z_h - z_l)e \Longrightarrow Me_l^{h+l} \tag{5}$$

1.1.2.2　阳极反应

如前所述,阳极有可溶与不可溶两种,反应是不一样的。

可溶性阳极反应是粗金属等中的金属氧化溶解,即阳极中的金属失去电子,变为离子进入溶液,例如:

$$Cu - 2e \Longrightarrow Cu^{2+}$$

$$Ni - 2e \Longrightarrow Ni^{2+}$$

不可溶性阳极反应,表现为水溶液电解质中的阴离子在阳极上失去电子的氧化反应,例如:

$$2OH^- - 2e \Longrightarrow H_2O + \frac{1}{2}O_2$$

$$2Cl^- - 2e \Longrightarrow Cl_2$$

在阳极反应的过程中,可能还有其他副反应发生,如:

$$Me - ze \Longrightarrow Me^{z+} \quad (在溶液中金属的溶解) \tag{6}$$

$$Me + zH_2O - ze \Longrightarrow (OH)_z + zH^+ \quad (金属氧化物的形成) \tag{7}$$

$$\Longrightarrow MeO_{z/2} + zH^+ + \frac{z}{2}H_2O$$

$$2H_2O - 4e \Longrightarrow O_2 + 4H^+ \tag{8a}$$

或 $$\qquad 4OH^- - 4e \Longrightarrow O_2 + 2H_2O \quad (氧的析出) \tag{8b}$$

$$Me^{z+} - ne \Longrightarrow Me^{(z+n)+} \quad (离子价升高) \tag{9}$$

$$2Cl^- - 2e \Longrightarrow Cl_2 \quad (阴离子的氧化) \tag{10}$$

副反应的发生对水溶液电解是不利的(如电流效率降低),在生产过程中应加以控制。

1.2　电解基本原理

1.2.1　电解

在电解质溶液中,电解质电离生成带正电荷的阳离子和带负电荷的阴离子。阴、阳离子所带电荷的总数是相等的,因此,电解质溶液呈电中性。当电解质溶液中通以直流电后,离子发生定向迁移,阴离子移向阳极,阳离子移向阴极,并分别在阳极和阴极的表面发生失去电子的氧化反应和得到电子的还原反应,在电极上沉积析出氧化产物和还原产物。这一过程称为电解。

电解过程是相应的原电池过程的逆过程,是电能转化为化学能的过程。冶金生产上有两种不同的水溶液电解法——电解沉积法和粗金属电解精炼法:

电解沉积法就是利用直流电通过电解质溶液使溶液中的金属离子在阴极上沉积析出金属。通常采用不溶阳极,即电解时阳极本身不参与电化学变化,仅供阴离子放电之用。

　　粗金属电解精炼法是以粗金属作为阳极，纯金属薄片作为阴极，含有游离的酸的金属盐水溶液作电解液的电解过程。当通以直流电时，粗金属从阳极溶解呈离子状态进入溶液，其中的主金属离子在阴极析出为纯金属。粗金属阳极中的有价金属杂质，有的不溶解而成为阳极泥，有的溶解进入溶液而不在阴极上析出，从而实现电解精炼的目的。

　　电解过程就是利用各种元素的电极电位不同，在一定溶液中使主体金属与其他杂质元素分离提纯的电化学过程。在电解过程中，在阳极上发生失去电子的氧化反应，在阴极上发生得到电子的还原反应。图1-1为电解过程示意图。

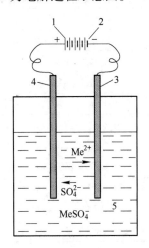

图 1-1　电解过程示意图

1—电源正极；2—电源负极；3—阳极；4—阴极；5—电解液

1.2.2　极化对电极电位的影响

1.2.2.1　标准电极电位

　　常见的电极有三类：第一类电极是由金属浸入含有该离子的溶液中构成的；第二类电极是在金属上覆盖一层该金属的难溶盐，然后将它们浸入含有该难溶盐的负离子的溶液中构成的；第三类电极是由惰性金属浸入某种具有不同氧化态的离子的溶液中构成的。

　　电极电位就是不同相物质界面间产生的电位差，但其绝对值无法用实验测出。实际上，我们也没有必要知道电极电位的绝对值，而只需要知道这些电极与任意作为标准的电极（标准电极）相比较时的电位差就够了。

　　国际上现在采用的标准电极是标准氢电极，它的构造是：把镀上铂黑的铂片浸入氢离子活度为1的溶液中，并不断用1标准大气压的氢气冲击铂片。它的电极反应是：

$$\frac{1}{2}H_2（100kPa）\Longrightarrow H^+ + e$$

并规定，在任意温度下，标准氢电极的标准电极电位为0。

　　把任意给定的电极作为正极，标准氢电极作为负极构成原电池：

标准氢电极 ‖ 给定电极

则此电池的电动势规定为给定电极的电极电位。当给定电极中各组分均处于活度为1标准态时，其电极电位就称为给定电极的标准电极电位。

对于任意给定电极，按照电极电位的规定，其电极反应均须写成下面的通式：

$$氧化态 + ne \Longrightarrow 还原态$$

其中，n 为进行单位电极反应所需电子的量，即电极反应为还原反应，相应的电极电位为还原电位，相应的标准电极电位为标准还原电极电位。常见电极的标准还原电极电位均可在有关资料中查到。表1-1是某些常用元素在25℃时的标准还原电极电位。

表1-1 某些常用元素在25℃时标准电极电位

电 极	反 应	ε/V
Li^+、Li	$Li^+ + e \longrightarrow Li$	-3.01
Cs^+、Cs	$Cs^+ + e \longrightarrow Cs$	-3.02
Rb^+、Rb	$Rb^+ + e \longrightarrow Rb$	-2.98
K^+、K	$K^+ + e \longrightarrow K$	-2.92
Ca^{2+}、Ca	$Ca^{2+} + 2e \longrightarrow Ca$	-2.84
Na^+、Na	$Na^+ + e \longrightarrow Na$	-2.713
Mg^{2+}、Mg	$Mg^{2+} + 2e \longrightarrow Mg$	-2.38
Al^{3+}、Al	$Al^{3+} + 3e \longrightarrow Al$	-1.68
Zn^{2+}、Zn	$Zn^{2+} + 2e \longrightarrow Zn$	-0.763
Fe^{2+}、Fe	$Fe^{2+} + 2e \longrightarrow Fe$	-0.44
Cd^{2+}、Cd	$Cd^{2+} + 2e \longrightarrow Cd$	-0.402
Ti^+、Ti	$Ti^+ + e \longrightarrow Ti$	-0.335
Co^{2+}、Co	$Co^{2+} + 2e \longrightarrow Co$	-0.267
Ni^{2+}、Ni	$Ni^{2+} + 2e \longrightarrow Ni$	-0.241
Sn^{2+}、Sn	$Sn^{2+} + 2e \longrightarrow Sn$	-0.14
Pb^{2+}、Pb	$Pb^{2+} + 2e \longrightarrow Pb$	-0.126

1.2.2.2 分解电压和超电压

在可逆条件下使某电解质溶液分解所必需的最低电压，称为该电解质的理论分解电压。理论分解电压是阳极平衡电位与阴极平衡电位之差。

在进行电解操作时，必须外加直流电，因此有一定量电流通过电极，电极的平衡状态受到破坏，此时，电极过程是在非可逆条件下进行，电极电位将偏离平衡电位。实验发现：在电解槽的两极接上低压电源，当外加电压很小时，电解液中几乎没有电流通过。当电压逐渐增大时，开始有极微小的电流，但并无电解现象发生。当电压增大到一定值时，电流突然很快增大，电解开始进行。我们把这个能使电解质溶液不断发生电解所必需的最小外加电压叫做实际分解电压。显然，实际分解电压大于理论分解电压。

当电极上无电流流过时，电极处于平衡状态，与之相对应的电位是平衡电极电位。随着电极上通过的电流增大，电极的不可逆程度随之增大，电极电位对平衡电位的偏离也愈来愈大。我们将电流通过电极时，电极电位偏离平衡电极电位的现象称为电极的极化。

极化将使阴极电位比平衡电位更负，使阳极电位比平衡电位更正。我们把电极电位与其平衡电位之差的绝对值称为超电位（或过电位）。

超电位与许多因素有关，主要有：阴极材料、电流密度、电解液温度、溶液的成分等等，它服从于塔费尔方程式：

$$\eta = a + b\ln D_K \tag{1-1}$$

式中　　η——电流密度为 D_K 时的超电位，V；

　　　　D_K——阴极电流密度，A/m^2；

　　　　a——常数，即阴极上通过 $1A/m^2$ 时的超电位，随阴极材料、表面状态、溶液组成和温度而变；

　　　　b——$2 \times 2.3RT/F$，即随电解温度而变的数据。

实践证明，就大多数金属的纯净表面而言，式中经验常数 b 具有几乎相同的数值（$100 \sim 140mV$），这说明表面电场对氢析出反应的活化效应大致相同。有时也有较高的 b 值（大于 $140mV$），原因之一可能是电极表面状态发生了变化，如氧化现象的出现。式中常数 a 对不同材料的电极，其值是不相同的，表示不同电极表面对析出过程有着不相同的催化能力。按 a 值的大小，可将常用的电极材料大致分为三类：

（1）高超电位金属，其 a 值为 $1.0 \sim 1.5V$，主要有 Pb、Cd、Hg、Tl、Zn、Ga、Bi、Sn 等；

（2）中超电位金属，其 a 值为 $0.5 \sim 0.7V$，主要有 Fe、Co、Ni、Cu、W、Au 等；

（3）低超电位金属，其 a 值为 $0.1 \sim 0.3V$，其中最主要的是 Pt 和 Pd 等铂族元素。

根据极化产生的原因，可简单地把极化分为浓差极化和电化学极化。

1.2.3　法拉第定律

电解生产需要直流电。在电解过程中，通过电解溶液的电量与阴极上所析出的物质的量之间存在一定的关系，这个关系已由大量的实验和生产实践总结出来，即为法拉第定律。

法拉第定律的内容是：电解时，在任一电极上析出或溶解的物质的量与通过电解溶液的电量成正比。在电解不同的电解质时，通过相同的电量，在任一电极上析出或溶解的物质的量是相同的。例如，当 1mol 电子从电源经外电路流过电解槽的阴极时，若电解液为 $AgNO_3$ 溶液，则在阴极上就有 $1molAg^+$ 被还原为金属银，即有 $107.868g$ 银沉积在阴极上；若电解液为 $CuSO_4$ 溶液，则在阴极上只能使 $\frac{1}{2}molCu^{2+}$ 还原为金属铜，即有 $\frac{63.546}{2}$ g 铜在阴极上沉积。

根据阿伏伽德罗常数 N_A（$= 6.0221367 \times 10^{23}mol^{-1}$）和电子电荷 e（$= 1.602177 \times 10^{-19}C$，C 为库仑）可以计算：

1mol 电子所具有的电量，以符号 F 表示，称为法拉第常数（$F = 96485.3C/mol$）。

由此可知，欲使电极上发生 1mol 任何物质的变化，所需通过的电量皆为 $96485.3C$，为方便起见，通常近似地把法拉第常数记为 $96500C/mol$。

1.2.4　电化当量

1.2.4.1　电化当量的定义

工业上把通过 $1A \cdot h$ 电量所析出的物质的量称为该物质的电化当量，用 q 表示。

1.2.4.2　电化当量的计算

大家都知道：$1A \cdot s = 1C$，1mol 电子所带电量称为 1 法拉第，即 96500C/mol，因此 1mol 电子所带电量为 $96500/3600 = 26.8A \cdot h$（安培·小时）。如果我们知道在电极上发生析出或溶解的物质的电极反应，就能知道每析出或溶解 1mol 物质所需要的电子的量（通常就是该种金属离子所带正电荷的个数即金属的价数），因此就能计算出该种金属的电化当量。

下面以铅为例说明电化当量的计算。已知铅的析出反应为：

$$Pb^{2+} + 2e === Pb$$

由此可知，析出 1mol 铅需要 2mol 电子，即 1mol 电子的电量（1F）只能析出 $\frac{1}{2}$mol 的铅。已知铅的相对原子质量为 207.2，所以通以 1mol 电子的电量可以析出 $\frac{207.2}{2} = 103.6$g 铅，即铅的电化当量为：

$$q = 103.6/26.8 = 3.865 \text{g}/ (A \cdot h)$$

因此，$q =$ 金属的相对原子质量/26.8。

常见金属的电化当量如表 1-2 所示。

表 1-2　常见金属的电化当量

元　素	原子价	相对原子质量	电化当量	
			1C 析出物的量/mg	1A·h 析出物的量/g
Al	3	26.89	0.0932	0.3356
Bi	3	208.98	0.7219	2.5995
Fe	2	55.85	0.2894	1.0420
	3		0.1929	0.6947
Au	1	197.00	2.0415	7.3507
	3		0.6805	2.4502
Cd	2	112.41	0.5824	2.0972
Co	2	58.94	0.3054	1.0996
Mg	2	24.32	0.1260	0.4537
Mn	2	54.94	0.2847	1.0250
Cu	1	63.54	0.6584	2.3709
	2		0.3292	1.1854
Ni	2	58.71	0.3042	1.0953
Sn	2	118.70	0.6150	2.2146
	4		0.3075	1.1013
Pb	2	207.21	1.0736	3.8659
Ag	1	107.88	1.1179	4.0254

元 素	原 子 价	相对原子质量	电 化 当 量	
			1C 析出物的量/mg	1A·h 析出物的量/g
Cr	3	52.01	0.1797	0.6469
	6		0.0898	0.3234
Zn	2	65.38	0.3388	1.2198

电化当量是计算电流效率时必不可少的一个参数。电化当量有单质的电化当量，还有合金的电化当量，两者有所区别。合金的电化当量与合金的成分有关，成分不同，电化当量也不同。

一般单质的电化当量均可以在有关资料中查到，合金的却不易找到，但也可以根据上述方法算出。

1.2.5 电流密度

电流密度是设计电解槽时不可缺少的一个参数，是电解生产过程控制的技术参数之一。电流密度是指单位有效电极面积通过的电流，表示如下：

$$D = \frac{I}{S} \tag{1-2}$$

式中　D——电流密度，A/m^2；

　　　I ——电流，A；

　　　S ——每一电解槽中阴极或阳极的有效面积，m^2。

在无特殊说明的情况下，一般来说电流密度都是指阴极电流密度。有效面积是指浸泡在电解液中的电极面积。在计算有效面积时，要注意一片电极的两个面都要计算。但是在一个电解槽内，两端的两片阴极在计算有效面积时，要减掉没有电力线的那两个面。

1.2.6 电流效率

电流效率是电解的一个综合指标，电流效率的高低反映了电解生产管理、技术水平、操作技能等方面的综合效果。电流效率就是电流的利用效率。因此，电流效率的提高是电解生产管理的核心。

$$\eta_i = \frac{b}{qI\tau} \times 100 \tag{1-3}$$

式中　η_i——电流效率，%；

　　　b ——阴极沉积物的实际量，g；

　　　I ——电流，A；

　　　τ ——通电时间，h；

　　　q ——电化当量，g/（A·h）。

实际产量是阴极上产物的实际重量，理论产量是按法拉第定律计算所得产物的重量。

理论产量 = 电化当量 × 电流 × 电解时间 × 电解槽数

对于电解生产，只要电解原料、电流、电解时间、电解槽数定了，理论产量就定了。

要提高实际产量，关键是如何提高电流效率。

1.2.7　电能效率

所谓电能效率 ω ，是指在电解过程中生产单位产量的金属理论上所必需的电能 W' 与实际消耗的电能 W 的比值（以百分数表示），即为：

$$\omega = \frac{W'}{W} \times 100 \qquad (1\text{-}4)$$

因为，电能＝电量×电压，所以得：

$$W' = I'\tau \times V_{\text{ef}}$$

$$W = I\tau \times V_{\text{T}}$$

式中　V_{ef}——电解过程理论分解电压，V；

　　　V_{T}——电解过程实际槽电压，V；

　　　I'——电解过程理论所需电流，A；

　　　I——电解过程实际所需电流，A。

将上述各关系式代入式（1-2），便得到：

$$\omega = \frac{I'V_{\text{ef}}}{IV_{\text{T}}} \times 100 \qquad (1\text{-}5)$$

式中　$\dfrac{I'}{I} = \eta_{\text{i}}$ ，即电流效率。

因此，式（1-5）可改写成以下形式：

$$\omega' = \eta_{\text{i}} \times \frac{V_{\text{ef}}}{V_{\text{T}}} \times 100 \qquad (1\text{-}6)$$

必须指出，电流效率与电能效率是有差别的，不要混为一谈。如前所述，电流效率是指电量的利用情况，在工作情况良好的工厂，很容易达到 90% ~ 95% ，在电解精炼中有时可达95%以上。而电能效率所反映的则是电能的利用情况，由于实际电解过程的不可逆性以及不可避免地在电解槽内会发生电压降，所以在任何情况下，电能效率都不可能达到100% 。

从式（1-4）中可以看出，降低电解液的比电阻、适当提高电解液的温度、缩短极间距离、减小接触电阻以及减少电极的极化以降低槽电压，是降低电能消耗，提高电能效率的一些常用方法。

还应当指出，通常说的"电能效率"并不能完全正确地说明实际电解过程的特征，因为电能效率计算公式的分子部分并未考虑电能消耗不可避免的极化现象。因此，在确切计算电能效率时，应当以在电化过程中消耗的电能 W'' 替代 W' 。这样便得到：

$$\omega'' = \frac{W''}{W} \times 100 = \eta_{\text{i}} \times \frac{V_{\text{f}}}{V_{\text{T}}} \times 100 \qquad (1\text{-}7)$$

1.2.8　槽电压

槽电压 E 是用于克服电解液、阳极泥层、电极各接触点与导体的电阻，以及由于浓差极所造成的反电动势。

$$V = V_{\text{A}} - V_{\text{K}} + I \cdot R \text{（液）} + V_{\text{r}} \text{（接）} + V \text{（泥）} \qquad (1\text{-}8)$$

式中， $V_{\text{A}} - V_{\text{K}}$ 为浓差极化引起的电压。

影响槽电压的主要因素是电解液的性质、阳极泥层与浓差极化。游离酸含量高则槽电压降低；电流密度大则浓差极化现象也愈显著，从而使槽电压增大；阳极电解时间越长，黏附在阳极上的阳极泥层越厚，槽电压随之升高；极间距越小，则槽电压越低，但易引起短路，而使电流效率降低，极间距大则槽电压大，电能消耗多。此外，电解温度升高，槽电压降低；胶质添加剂会提高槽电压。槽电压升高不仅降低电流效率，同时使杂质析出，影响阴极质量。

1.3 电解工艺过程与产物

电解精炼过程（以铜电解为例）主要包括阴阳极板的制作、整理，电解液的配制（加入添加剂）、输送、净化、循环，残阳极的回收，阴极产物（阴极铜等）剥片、清洗、熔铸等，阳极泥的回收。整个过程中主要的产物有阴极片、残阳极板、废电解液、阳极泥、酸雾。

电解沉积过程（以锌电解为例）主要包括阴阳极板的整理，电解液的配制（加入添加剂）、输送、净化、循环，阴极产物（阴极锌等）剥片、清洗、熔铸等，阳极泥的回收。整个过程中主要的产物有阴极片、废电解液、阳极泥、酸雾。

电解沉积过程与电解精炼过程的差别在于主体金属是以通过净化后液中的离子形式存在，而不是以粗金属阳极的形式存在，所以不存在残阳极的回收问题。

电解精炼　　　　　　Cu（阳极铜）$=\!=\!=$Cu′（阴极铜）

电解沉积　　　　　　$Zn^{2+} + 2e =\!=\!= Zn$

铜电解精炼工艺流程如图 1-2 所示。锌电解沉积工艺流程如图 1-3 所示。

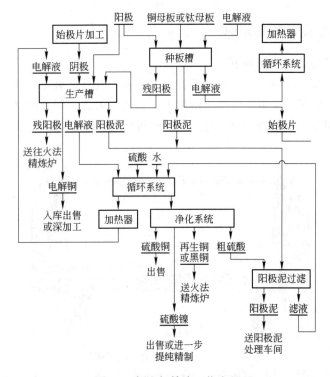

图 1-2　铜电解精炼工艺流程

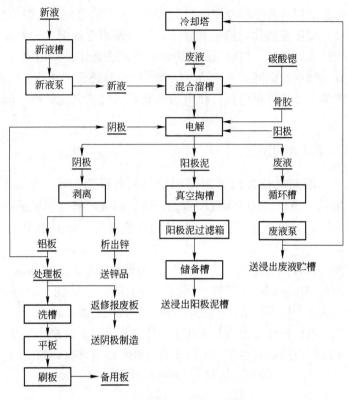

图 1-3　锌电解沉积工艺流程

1.4　电解的主要设备及其用途

电解的主要设备及其用途如下：

（1）电解槽，如图 1-4 所示，是电解的主要设备，用于盛装电解液。电解槽通常安装在上面铺有绝缘层的砖柱或钢筋混凝土的梁上。槽底四角，正好对准梁上的绝缘衬垫，使槽对地面绝缘，便于检查是否漏电、漏液，同时可安装其他设备。几个或几十个槽排成一

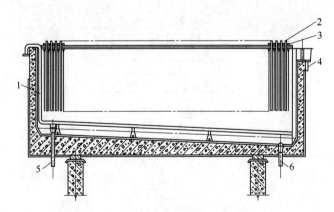

图 1-4　典型的钢筋混凝土电解槽结构

1—进液管；2—阳极；3—阴极；4—出液管；5—放液管；6—阳极泥管

列，安装时，槽必须校平，槽与槽之间留有一定间隔（如 25mm），便于空气流通并使槽体之间绝缘。

（2）出装槽架：用于阴、阳极出装槽的机械。

（3）硅整流：把交流电变为直流电，供电解生产使用，是电解生产的重要设备。

（4）阳极浇铸机：浇铸阳极片，供电解生产使用。

（5）阴极（始极）制片机：制作阴极（始极）片，供电解生产使用。

（6）酸泵：用于循环电解液。

（7）洗泥机：用于残极的洗涤。

（8）熔化锅：用于阴、阳极的熔化。

（9）吊车：吊运出装槽及各种物料。

（10）阴极、残极洗极机：洗涤阴极、残极。

（11）铜棒抛光机：用于光亮铜棒。

（12）配极架、卸极架：配极和放置、存储极片。

（13）槽、板模、焊接小勺：用于始极片的制作、焊接。

（14）吊起架、钢绳、平车、挂钩：运输、吊运物料。

（15）高低位池：用于存储电解液及电解液循环。

复习思考题

1-1 简述电解技术的实质、分类与应用？

1-2 电解原理是什么，电解过程如何进行？

1-3 举例说明电解精炼和电解沉积工艺流程有何差别？

1-4 电解的主要设备及其用途有哪些？

2 铜电解精炼技术

火法精炼产出的粗铜品位一般为 99.0% ~ 99.8%，另外还含有 0.2% ~ 1.0% 的杂质。电解精炼的目的是进一步脱除火法精炼难以除去的，对铜的导电性能和力学性能有损害的杂质，将铜的品位提高到 99.95% 以上，并且回收火法精炼铜中的有价元素，特别是贵金属、铂族金属和稀散金属。

铜电解所处理的阳极成分（%）一般为：Cu 99.2 ~ 99.7，Ni 0.09 ~ 0.15，As 0.02 ~ 0.05，Sb 0.018 ~ 0.3，Ag 0.058 ~ 0.1，Au 0.003 ~ 0.007，Bi 0.0026，Se 0.017 ~ 0.025。

产品一号铜的成分要求（%）：Cu + Ag 不低于 99.95；Bi 和 P 不高于 0.001；As、Sb、Sn、Ni 不高于 0.002；Pb 和 Zn 不高于 0.003；S 不高于 0.004。

2.1 铜电解精炼原理

利用铜与杂质的电位差异，通入直流电，阳极板上的粗铜进行电化学溶解，阴极附近的铜离子在阴极上电化析出。贵金属和部分杂质进入阳极泥，大部分杂质则以离子形态保留在电解液中，从而实现了铜与杂质的分离，粗铜被提纯为阴极铜（精炼的过程）：

$$Cu（粗铜）\longrightarrow Cu'（阴极铜）$$

2.1.1 铜电解过程的电极反应

传统的铜电解精炼是采用纯净的电解铜薄片作阴极，阳极铜板含有少量杂质（一般为 0.3% ~ 1.5%）。电解液主要为含有游离硫酸的硫酸铜溶液。

由于电离的缘故，电解液中的各组分按下列反应生成离子。在未通电时，下述反应处于动态平衡。通电后，电解液全部或部分电离：

$$CuSO_4 \rightleftharpoons Cu^{2+} + SO_4^{2-}$$

$$H_2SO_4 \rightleftharpoons 2H^+ + SO_4^{2-}$$

$$H_2O \rightleftharpoons H^+ + OH^-$$

各种离子做定向运动，阳离子向阴极运动，阴离子向阳极运动，同时阴阳极与电解液界面发生电化学反应。

2.1.1.1 阳极反应（氧化反应）

在阳极上可能发生下列反应：

$$Cu - 2e \rightleftharpoons Cu^{2+}, \quad \varphi(Cu^{2+}/Cu) = +0.34V$$

$$H_2O - 2e \rightleftharpoons 1/2O_2 + 2H^+, \quad \varphi(O_2/H_2O) = +1.23V$$

$$SO_4^{2-} - 2e \rightleftharpoons SO_3 + 1/2O_2, \quad \varphi(O_2/SO_4^{2-}) = +2.42V$$

$$Me - 2e \rightleftharpoons Me^{2+}, \quad \varphi(Me/Me^{2+}) < 0.34V$$

式中，Me 代表 Fe、Ni、Pb、As、Sb 等比 Cu 更负电性的金属，它们从阳极上溶解进入溶液。H_2O 和 SO_4^{2-} 失去电子的反应，由于其电位比铜正（标准电位），故在正常情况下，它们不可能在铜阳极上发生放电作用。此外，氧的析出有相当大的超电压（250℃时，若电流密度为 $200A/m^2$，则氧在铜上析出的超电压为 0.605V），所以电解精炼时，H_2O 不可能发生放电作用，只有当铜离子的浓度达到极高或电解槽内阳极严重钝化，使槽电压升高至 1.7V 以上时才可能有氧在阳极上放出。至于 SO_4^{2-} 的放电反应，因为其电位更正，故在铜电解精炼过程中是不可能进行的。

由上面分析可知，因为存在电位差和超电位，在铜电解精炼过程的实际条件下，阳极主反应为：

$$Cu - 2e === Cu^{2+} （阳极铜溶解）$$

2.1.1.2 阴极反应（还原反应）

在阴极上可能发生的反应：

$$Cu^{2+} + 2e === Cu, \varphi(Cu^{2+}/Cu) = +0.34V$$

$$2H^+ + 2e === H_2, \varphi(H^+/H_2) = 0V$$

$$Me^{2+} + 2e === Me, \varphi(Me/Me^{2+}) > 0.34V$$

铜的析出电位较氢正，加之氢在铜上析出的超电压值又很大（当250℃及电流密度为 $100A/m^2$ 时，电压为 0.584V），故只有当阴极附近的电解液中铜离子浓度极低，并由于电流密度过高而发生严重的浓差极化时，在阴极上才可能析出氢气。

由上面分析可知，因为有电位差和超电位的存在，在铜电解精炼过程的实际条件下，阴极主反应为：

$$Cu^{2+} + 2e === Cu （阴极铜析出）$$

综上所述，铜电解精炼过程中，在两极上的主要反应是粗铜在阳极上的溶解和铜离子在阴极上的析出。

2.1.2 一价铜离子的影响

在实际电解时，阳极铜除以二价铜离子（Cu^{2+}）的形式溶解外，还会以一价铜离子（Cu^+）的形态溶解，即

$$Cu - e === Cu^+$$

生成的一价铜离子（Cu^+）在有金属铜存在的情况下，和二价铜离子（Cu^{2+}）产生下列平衡：

$$2Cu^+ === Cu^{2+} + Cu$$

在生产过程中，Cu^+ 和 Cu^{2+} 之间的平衡常常不断地受到破坏，其主要原因有两个：

（1）Cu^+ 氧化成 Cu^{2+}：

$$Cu_2SO_4 + H_2SO_4 + 1/2O_2 === 2CuSO_4 + H_2O$$

反应的速度随温度的升高及与空气接触程度的增加而加快，结果消耗了溶液中的硫酸，并使溶液中的 Cu^{2+} 浓度增加。

（2）Cu^+ 分解而析出铜粉：

$$Cu_2SO_4 = CuSO_4 + Cu$$

析出的铜粉进入阳极泥，使阳极泥中的贵金属含量降低，并造成铜的损失。

上述两个原因都使 Cu^+ 的浓度稍低于其平衡浓度，使以上的两个反应向着生成 Cu^+ 的方向进行，使阳极的电流效率提高，阴极的电流效率降低，并导致溶液中 Cu^{2+} 的浓度不断增加。

Cu^+ 分解和氧化的结果，使电解液中游离硫酸含量减少和 $CuSO_4$ 的浓度增加。阳极中的铜和 Cu_2O 以及阴极铜的化学溶解（称为返溶）也会使电解液中的铜含量增加，即

$$Cu_2O + H_2SO_4 + 1/2O_2 = Cu_2SO_4 + H_2O$$
$$Cu + H_2SO_4 + 1/2O_2 = CuSO_4 + H_2O$$

此外，溶液中游离硫酸浓度的降低，还可以导致 Cu_2SO_4 的水解，即

$$Cu_2SO_4 + H_2O = Cu_2O + H_2SO_4$$

进一步破坏了 Cu^{2+} 与 Cu^+ 之间的平衡，并增多了阳极泥中的铜含量。

假若电解过程使用的电流密度太小，Cu^{2+} 在阴极上的放电可能变得不完全，而按下式进行还原生成 Cu^+：

$$Cu^{2+} + e = Cu^+$$

同时，Cu^+ 在阳极上随即按下式

$$Cu^+ - e = Cu^{2+}$$

而氧化，从而导致电流效率的下降。

综上所述，铜电解精炼过程主要是在直流电的作用下，铜在阳极上失去电子后以 Cu^{2+} 的形态溶解，而 Cu^{2+} 在阴极上得到电子以金属铜的形态析出的过程。除此之外，还不可避免地有 Cu^+ 的产生，并产生一系列的副反应，使电解过程复杂化。

根据以上情况，可以认为铜电解精炼时较有利的工作条件是：电解液中含有足够高的游离硫酸和二价铜离子；电解液的温度不宜过高；采用足够高的电流密度；尽量减少电解液与空气的接触。

2.1.3　杂质在电解过程中的行为

铜电解精炼的阳极板是一种含有多种元素的合金，某厂家的阳极板成分如表 2-1 所示。除表中所列元素外，在阳极铜中大都还含有 Cd、Hg、In、Tl、Mn 和铂族元素，其含量为 $0.001 \times 10^{-4}\% \sim 1 \times 10^{-4}\%$。

表 2-1　铜阳极成分　　　　　　　　　　　　　　　　　质量分数，%

元素	Cu	As	Sb	Ni	Bi	Pb	Se
含量	99.3	0.01	0.1	0.3	0.03	0.09	0.016

元素	Te	Au	Ag	Fe	S	Zn	
含量	0.001	0.02	0.08	0.03	0.009	0.004	

在阳极铜中的杂质有两种形式，即金属铜基体中的固溶体和晶粒间的不连续夹渣。在电解过程中，所有这些杂质都出现强烈的化学和物相变化，这对阳极钝化、阴极质量、电解液净化以及从阳极中回收有价元素均有很大影响。

在电解过程中，各种金属杂质的行为主要取决于它们本身的电位及其在电解液中的溶解度。杂质元素在各电解产物（电解液、阴极铜、阳极泥）间的分布关系，与它们在阳极中的含量、氧的含量和电解技术等条件有关。通常将阳极铜中的杂质分为以下四类：

（1）比铜显著负电性的元素，如锌、铁、锡、铅、钴、镍；

（2）比铜显著正电性的元素，如银、金、铂族元素；

（3）电位接近铜但比铜负电性的元素，如砷、锑、铋；

（4）其他杂质，如氧、硫、硒、碲、硅等。

现将各类杂质在电解过程中的行为叙述如下：

（1）比铜显著负电性的元素。

当阳极溶解时，以金属形态存在的该类杂质均电化溶解，并以二价离子状态进入溶液，其中铅、锡由于生成难溶的盐类或氧化物，大部分转入阳极泥，其余则在电解液中积累。其共同特点是：消耗溶液中的硫酸，增加溶液的电阻。

经火法精炼后，铁和锌在阳极中含量极微，电解时它们溶入电解液中。金属镍可电化学溶解进入电解液，一些不溶性化合物如氧化亚镍和镍云母积聚阳极表面形成不溶性的薄膜，使槽电压升高，甚至会引起阳极钝化。

（2）比铜显著正电性的元素。

银、金和铂族元素具有比铜较大的正电性，它们在阳极上不进行电化学溶解而落入槽底。少量银能以 Ag_2SO_4 形式溶解，加入少量 Cl^-（HCl）则形成 AgCl 进入阳极泥。阴极含这些金属是阳极泥机械夹带所致。

温度对电解液和阴极铜中的银含量有显著影响。随着温度升高，电解液中银离子浓度增大，阴极铜中的银含量也增大。

随着阳极铜中银含量增加，进入阴极铜的银含量也随之增加。此外，如果阳极铜氧含量增加，阴极铜中的银含量会有降低的趋势。

阳极中的金一部分呈金粉脱落，一部分呈黑色 Au_2O 固体颗粒并带有正电荷形成 $(Au_2O)^+$ 微粒。研究表明，随阳极中金含量增加，生成阳极泥颗粒也增多，即颗粒细小的阳极泥悬浮于电解液中并进入阴极的数量也较多。

有研究表明，上进下出液的循环方式有利于阳极泥沉降，也有利于电解铜中金、银含量的降低。对高银阳极铜进行电解精炼时，宜采用较小的电解液循环速度。

为了减少贵金属的损失，各工厂都采取了一些有效的措施：加入适宜的添加剂（如洗衣粉、聚丙烯酰胺絮凝剂等），以加速阳极泥的沉降，减少黏附；扩大极距、增加电解槽深度；加强电解液过滤，使电解液中悬浮物含量维持在 20mg/L 以下等。

金几乎 100% 地进入阳极泥，阴极铜中含有极微量的金，是阳极泥的机械黏附所引起的。

（3）电位接近于铜但比铜负电性的元素。

由于它们的电位与铜比较接近，在正常的电解过程中，一般很难在阴极析出。阳极溶解时，这些元素成为离子进入溶液，大部分水解成为固态氧化物，一部分则在电解液中积累，其分布情况如表 2-2 所示。

表 2-2　铜电解过程中各元素的分布　　　　　　　　　　　　　　　　%

元　素	进入溶液	进入阳极泥	进入阴极
金		98.5 ~ 99.5	0.5 ~ 1.5
银		97 ~ 98	2 ~ 3
铜	1.93	0.07	98
硒和碲		98 ~ 99	1 ~ 2
铅		95 ~ 99	1 ~ 5
镍	75 ~ 100	0 ~ 25	< 0.5
砷	60 ~ 80	20 ~ 40	微量
锑	10 ~ 60	40 ~ 90	微量
硫		95 ~ 97	3 ~ 5
铁	75	5 ~ 15	10 ~ 20
锌	93	4	3
铝	75	20	5
三氧化铝		100	微量
铋	20	80	微量
氧		80	20

不同价的砷、锑化合物，即三价砷和五价锑、三价锑和五价砷，能够形成溶解度很小的化合物，如 As_2O_3、Sb_2O_5 及 Sb_2O_3、As_2O_5。它们是一种极细小的絮状物质，粒度一般小于 $10\mu m$，不易沉降，在电解液中漂浮，并吸附其他化合物或胶体物质而形成电解液中的所谓"漂浮阳极泥"。一般阳极泥多呈光滑的球形晶体状，能快速沉于电解槽底部，而漂浮阳极泥多为不规则的、表面粗糙的非晶体颗粒。与球形晶体阳极泥相比，漂浮阳极泥颗粒在电解槽中停留的时间要长些。实践证明，当 Sb（Ⅲ）、Bi（Ⅲ）的质量浓度高于 0.5g/L 时，电解液中易生成这类很细小的 $SbAsO_4$、$BiAsO_4$ 漂浮阳极泥。漂浮阳极泥的生成，虽能限制砷、锑在电解液中的积累，但它们会机械地黏附于阴极表面或夹杂于铜晶粒之间，降低阴极铜的质量，而且还会造成循环管道结壳，需要经常清理。

漂浮阳极泥的化学成分如下（%）：

Cu	Pb	Bi	Cb	As	SO_4^{2-}	Cl^-	Ag
0.6 ~ 3	2.8 ~ 7.6	2 ~ 8	29.5 ~ 48.5	4 ~ 18	1.0 ~ 4.0	0.2 ~ 1.2	0.04 ~ 4.0

从杂质元素进入阴极的情况来看，砷、锑、铋盐类水解或相互结合生成的漂浮阳极泥对阴极的黏附，远比这些离子直接放电的危害要大得多。因此，必须保持电解液具有必要的酸度和清洁度（以浊度来表示）。

总之，为避免阳极铜中的杂质砷、锑、铋进入阴极，保证电解过程能产出合格的阴极铜，特别是高纯阴极铜（Cu – CATH – 1 标准），应当采取如下措施：

1）粗铜在火法精炼时，应尽可能地将这些杂质除去。

2）控制溶液中适当的酸度和铜离子浓度，防止杂质水解和抑制杂质离子放电。

3）维持电解液有足够高的温度（60~65℃）以及适当的循环速度和循环方式。

4）电流密度不能过高。目前采用的常规电解方法，电流密度以不超过 $300A/m^2$ 为宜。国内生产高纯阴极铜（Cu-CATH-1 标准）的企业普遍采用的电流密度范围为 200~270A/m²。

5）加强电解液的净化，保证电解液中较低的砷、锑、铋浓度。一般维持电解液中砷的质量浓度为 1~5g/L，最高不超过 13g/L；锑的质量浓度为 0.2~0.5g/L，不超过 0.6g/L；铋的质量浓度一般为 0.01~0.3g/L，不超过 0.5g/L。

6）加强电解液的过滤。实践表明，保证电解液中漂浮阳极泥（悬浮物）含量低于 20~30mg/L，有利于高纯阴极铜的正常生产。

7）向电解液中添加配比适当的添加剂，保证阴极铜表面光滑、致密，减少漂浮阳极泥或电解液对阴极铜的污染。

（4）其他杂质。

氧、硫、硒、碲等是以稳定的化合物存在的元素，它们以 Cu_2S、Cu_2O、Cu_2Te、Cu_2Se、Ag_2Se、Ag_2Te 等形态存在阳极泥中，不进行电化学溶解，而落入槽底组成阳极泥。

2.1.4 阳极钝化

2.1.4.1 阳极钝化的含义

"钝化"就是失去活性或活动能力的意思，电解过程中的金属钝化，是指作为电极的金属在电流的作用下某种程度地失去转入溶液的能力。发生钝化的电极，它们所具有的电极电位，就不是该金属所固有的电位，而接近于另一种电性更正的金属的电位。就化学反应来说，处于钝化状态的金属，失去了被氧化，特别是被溶解的能力。

2.1.4.2 阳极钝化的影响因素

阳极钝化的影响因素有：

（1）阳极铜在溶解过程中，阳极本身的成分所引起的不溶性盐类、较铜正电性的金属和不溶性氧化物在阳极上形成薄膜，把阳极与电解液隔离开来，使阳极钝化。

（2）电解过程中产生的浓差极化引起的硫酸铜结晶析出，并覆盖在阳极表面上，致使阳极钝化。

以上两种钝化可以单独产生，也可以共同形成。

2.1.4.3 铜电解精炼常见的几种阳极钝化

铜电解精炼中有以下几种常见的阳极钝化：

（1）整块钝化，是指整块阳极处于难溶或溶解速度明显下降的状态。此时，阳极电位升高，槽电压达 1V 以上，甚至高达 2~3V。由于阳极电位升高达到了氧的析出电位（1.23V），析出的氧冲刷阳极表面，使表面光滑、闪亮，并且一般随着阳极浸入电解液的深度增加，钝化加剧，有时还出现断耳现象，这种钝化多在处理高品位阳极时发生。国内某厂用杂铜阳极进行电解精炼时即使采用中等电流密度，也出现了阳极钝化（较之矿产铜阳极而言）。杂铜阳极电解时钝化的症状为，槽电压急剧上升，可达 0.8~1.2V，严重时槽内电解液泛黑水。已钝化阳极表面覆盖着一层较厚的阳极泥。去掉覆盖物，全部或大部分板面有蜂窝状孔洞，甚至部分孔洞已对穿，板面有明显的金属光泽。

（2）局部钝化，是指阳极板局部出现不溶或难溶现象。生产实践中，阳极板表面常出现孔洞和一块块的黑色结壳。显然，出现孔洞的部位，阳极溶解较快，而出现黑色结壳的地方发生了局部钝化。实践表明，这种钝化现象多发生于主品位较低、杂质金属含量较高的阳极电解。

凡是发生局部钝化的阳极板，其阳极化学成分分布不均匀且各部位的结晶形态有差异。钝化部位含杂质金属较高，往往形成各种共晶物质。杂质金属含量较多的地方，若较铜负电性的金属易形成难溶氧化物薄膜，杂质金属与铜之间或杂质与杂质金属之间易形成共晶物，都会造成阳极难溶而钝化，同时使阳极电位升高。在这种电位升高的条件下，杂质少的部位溶解速度增大，使阳极形成了孔洞，或者因此处 Cu^{2+} 浓度局部大大增加，而又产生新的盐膜钝化区——浓差极化钝化区。在足够高的阳极电位下，此盐膜可能转变为薄而致密的氧化膜。盐膜和阳极金属所形成的氧化膜以及由盐膜转变来的新氧化膜，其结构和致密度是不同的，所以引起的钝化程度也不一样。活化区在以上因素的影响下，溶解速度也不一致。这种局部钝化往往是由于阳极结构本身和浓差极化共同作用的结果。

（3）周边钝化，是指在电解过程中阳极铜周边难溶或不溶，中间的溶解为正常的状态。阳极浇铸时产生结晶偏析。晶核优先在模壁上形成，同时由于铸模四周冷却速度快，金属晶核生成速度大于晶核长大速度，四周形成晶核细小的长柱状晶体，而中间形成了晶粒粗大的短柱状晶体。长柱状细小晶粒的铜难溶，晶粒粗大的短柱状铜易溶，从而造成阳极在电解过程中的周边钝化。有时，周边与中间结晶状态并无太大区别，也会出现周边钝化，这是因为周边电力线集中，阳极开始在周边溶解速度很快，当周边区域 Cu^{2+} 浓度达到饱和浓度时，则析出硫酸铜结晶而造成周边钝化。

2.1.4.4　消除阳极钝化措施

消除阳极钝化的措施如下：
（1）火法精炼要尽可能地将杂质除去。
（2）控制适宜的阳极浇铸温度，减少铜液中气体的溶解量，并尽可能使阳极铜周边和中间晶粒一致。
（3）控制合理的电解液成分和温度。
（4）适当增加电解液的循环速度，选择合理有效的循环方式。
（5）使用活化剂（如 Cl^-）和新型添加剂。有研究指出，某些氨基酸螯合剂对铜阳极溶解过程的钝化现象有抑制作用，如 EDTA、DTDA 和 TTHA，其中以 EDTA 效果最好，在其质量分数约为 0.5% 时抑制阳极铜钝化的效果最佳。
（6）一定程度的震动电极，有利于破坏阳极表面的氧化层或硫酸铜薄层或铜粉覆盖层，消除阳极钝化。

2.1.5　阴极铜析出

铜在阴极的析出过程是电结晶过程。所谓电结晶过程是指从阳离子在阴极放电出现自由原子形成结晶核，到构成晶体并在阴极表面形成金属层为止的全过程。通常把电结晶过程看做是由几个独立阶段构成的。从立体晶核的形成开始，晶核的生长是以一定速度进行的，并且沿着金属薄层的每一面周期性地产生和传递来完成，随着新的（平面的）晶核的形成，在界面上形成了金属层。

铜电解过程中希望得到结构致密、表面平整的阴极铜。粗粒阴极表面易黏附阳极泥及电解液中的漂浮物。相反，颗粒细小而致密的沉积构造，就可以避免杂质的机械污染。

由于阴极电解过程的诸环节与极化有关，电结晶过程也与极化有关，因此可以通过改变阴极的极化值来控制电结晶过程。添加剂的加入，目的是改变阴极电势，使晶核生成速度与晶核长大速度有利于产生细粒光洁的晶体。

2.2 铜电解精炼工艺流程

铜电解精炼通常包括阳极加工，始极片制作、电解、净液及阳极泥处理等工序。其一般的工艺流程如图 2-1 所示。在改进的永久性阴极工艺中，免去了始极片的制作。

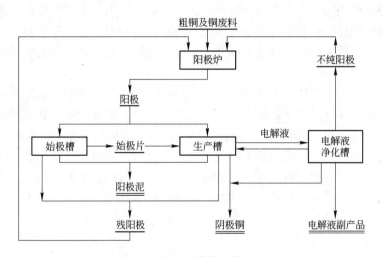

图 2-1 铜电解精炼工艺流程

铜电解精炼的主要工艺流程如下：

（1）始极片制作。

以在种板槽中用火法精炼产出的阳极铜作为阳极，用纯铜或钛母板（现在普遍采用钛母板）作为阴极，通以一定电流密度的直流电，使阳极的铜电化学溶解，并在母板上析出纯铜薄片。此纯铜薄片称为始极片。将其从母板上剥离下来后，经过整平、压纹、钉耳等加工后，即可作为生产槽所用的阴极。

（2）阳极加工。

阳极经过铣耳、压平（或者是砸平）、剔除飞边毛刺、板面校正后装槽的过程为阳极加工。

（3）电解过程。

在生产槽中，用同样的阳极板和种板槽生产出来的始极片进行电解，生产出最终的产品——阴极铜（或称电铜）。

（4）电解液净化。

电解液需要定期定量经过净液系统，以除去电解液中不断升高的铜离子，并脱除过高的杂质镍和砷、锑、铋等。

2.3 铜电解精炼设备

在铜电解车间，通常设有几百个甚至上千个电解槽，每一个直流电源串联其中的若干个电解槽成为一个系统。所有电解槽中的电解液必须不断循环，使电解槽内的电解液成分均匀。在电解液循环系统中，通常设有加热装置，可将电解液加热至一定的温度。此外还有变电、整流设备、起重运输设备、极板制作和整理设备及其他辅助设备。

2.3.1 电解槽

电解槽是电解车间的主体设备。电解槽为长方形，在其中依次更迭地吊挂着阳极和阴极。电解槽内附设供液管、排液管（斗）、出液斗的液面调节堰板等。槽体底部常做成由一端向另一端或由两端向中央倾斜，倾斜度大约3%，最低处开设排泥孔，较高处有清槽用的放液孔。放液排泥孔配有耐酸陶瓷或嵌有橡胶圈的硬铅制作的塞子，防止漏液。此外，在钢筋混凝土槽体底部还开设检漏孔，以观察内衬是否破坏。用钢筋混凝土构筑的典型电解槽结构如图1-4所示。

电解槽的结构与安装应符合下列要求：槽与槽之间以及槽与地面之间应有良好的绝缘，槽内电解液循环流通情况良好，耐腐蚀，结构简单，造价低廉。电解槽的大小和数量根据电解铜车间的生产规模而定，其设计通常由产量、选定的电解技术条件（如电流强度、电流密度、电极尺寸、极间距离以及阳极中贵金属含量等）等多个因素决定。

电解液的循环方式通常有上进下出式和下进上出式两种。图2-2（a）为常规端进端出的上进下出式循环，电解液从槽的一端直接进入电解槽上部，并由上向下流，在电解槽的另一端设有出水袋（或出水隔板），将电解槽下部的电解液导出。在上进下出式电解槽中，电解液的流动方向与阳极泥的沉降方向相同，因此上进下出液循环有利于阳极泥的沉降，而且阴极铜中金、银含量低。另外，上进下出对于温度分布比较有利，但漂浮阳极泥被出水挡板所阻，不易排除槽外，而且电解液上下层浓度差较大。用小阳极板电解的工厂，由于电解槽尺寸较小，一般采用上进下出的循环方式。

图2-2（b）为下进上出循环方式，电解液从电解槽一端的进水隔板内（或直接由进液管）导入电解槽的下部，在槽内由下向上流动，从电解槽另一端上部的出水袋溢流口（或直接由溢流管）溢出。在下进上出式电解槽中，溶液温度的分布不能令人满意，并且电解液的流动方向与阳极泥的沉降方向相反，不利于阳极泥的快速沉降，但可使电解液中的漂浮阳极泥尽快排出槽外，减少其在槽中的积累，故对于高砷锑铜阳极特别有利。

随着电解槽的大型化、电极间距的缩小以及电流密度的提高，为维持大型电解槽内各处电解液温度和成分的均匀，一些工厂采用电解液与阴极板面平行流动的循环方式，即采用槽底中央进液、槽上两端出液的新"下进上出"循环方式，它是在电解槽底中央沿着槽的长度方向设一个进液管（PVC硬管）或在槽底两侧设两个平行的进液管，通过沿管均布的小孔（孔距与同名极距相同）给液。排液漏斗安放在槽两端壁上预留的出液口上，并与槽内衬连成整体，如图2-2（c）所示。由于给液小孔对着阴极出液，不仅有利于阴极附近离子的扩散，降低浓差极化，而且减少了对阳极泥的冲击和搅拌。此外，中间进液，两端出液，有利于电解液浓度、温度以及添加剂的均匀分布，有利于阴极质量的提高。

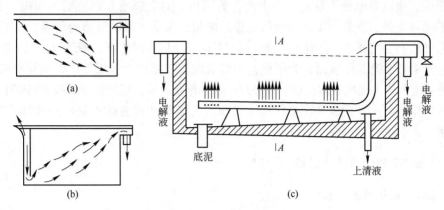

图 2-2　电解液循环方式

（a）上进下出；（b）下进上出；（c）新式下进上出

另一种大型槽的"上进下出"循环方式是在电解槽一长边的两拐角处各设一个进液口，各进一半电解液，在另一长边中央下部设一出液口。进液口来的电解液流呈对角线喷射，并由出液口将电解液引向电解槽一端排出。此方法能防止阳极泥上浮。

此外，还有渠道式电解槽，与一般电解槽所不同的是，其中电解液的流动方向与阴、阳极板面平行，因此具有优良的水力学条件，可以大大减小电极附近的浓差极化，并可使漂浮阳极泥很容易地离开电解槽，有利于阴极铜的均匀沉积。

2.3.2　铜电解车间的电路连接

电解槽的电路连接大多采用复联法，槽内的各电极并联装槽，槽间的电路串联相接。每个电解槽内的全部阳极和阴极并列地相连。电解槽的电流强度等于通过槽内各同名电极电流的总和，而槽电压等于槽内任何一对电极之间的电压降。

图 2-3 为复联法的电解槽连接以及槽内电极排列示意图。图上所表示的每一槽组由四个电解槽组成，在这些电解槽中交替地悬挂着阳极（粗线表示）和阴极（细线表示）。

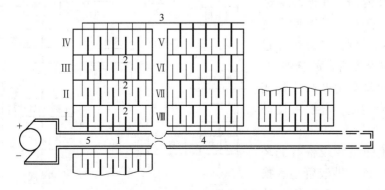

图 2-3　复联法连接示意图

1—阳极导电排；2~4—中间导电板；5—阴极导电排

电流从阳极导电排 1 通向电解槽Ⅰ的全部阳极，该电解槽的阴极与中间导电板 2 连接，中间导电板在相邻的两个电解槽Ⅰ和Ⅱ的侧壁上。同时，中间导电板 2 又与电解槽Ⅱ的阳极相连，所以导电板 2 对电解槽Ⅰ而言为阴极，对电解槽Ⅱ而言则为阳极。或者说，同一条槽间导电板，既是一个电解槽的正极配电板，又是相邻电解槽的负极汇流板。电解槽Ⅳ的阴极接向导电板 3，它对第一槽组而言是阴极，但是对于第二槽组而言则为阳极。同样，导电板 4 对于第二槽组而言为阴极，到以后的第三槽组上就成为阳极的导电板了。因此，电流从电解槽Ⅰ通向电解槽Ⅷ，并经过一系列槽组，最后经阴极导电板 5 回到电源。

电解槽中的每一块阳极和阴极均两面工作（电解槽两端的极板除外），即阳极的两面同时溶解，阴极的两面同时析出。

2.3.3　极板作业机组及其他设备

2.3.3.1　极板作业机组

现代铜电解生产向着大极板、长周期、高电流密度、高品质方向发展，因此，拥有完整的自动化极板作业机组是实现生产高效率、高质量的前提。

完整的极板作业机组主要包括阳极板准备机组、阴极板制备机组、电铜洗涤堆垛机组、残极洗涤堆垛机组、导电棒贮运机组和专用吊车等。

阳极板准备机组的主要任务是矫正板面和挂耳的弯曲，修平挂耳底边。

阴极板制备机组的任务是对种板进行平整、矫直和压纹，将周边剪齐，用圆盘钢刷清刷，用对辊碾压细瘤，使细瘤脱落或被碾平以便改善其表面质量。种板板纹的形式有直纹、斜纹、圆环纹、人字纹和特殊纹。

电铜洗涤堆垛机组是进行电解铜出槽、洗涤、导电棒抽出、电解铜堆垛以及称量等作业的专用设备。

残极洗涤堆垛机组是进行吊起残阳极，并洗涤、逐块堆垛转向、自动称量以及输送等作业的设备。

2.3.3.2　电解液循环系统设备

电解生产过程中，电解液必须不断地循环流通。在循环流通时：一是补充热量，以维持电解液具有必要的温度；二是经过过滤，滤除电解液中所含的悬浮物，以保持电解液具有生产高质量阴极铜所需的清洁度。电解液循环系统如图 2-4 所示。

循环系统的主要设备有循环液贮槽、高位槽、供液管道、换热器和过滤设备等。现代铜精炼厂多采用钛列管或钛板加热器，

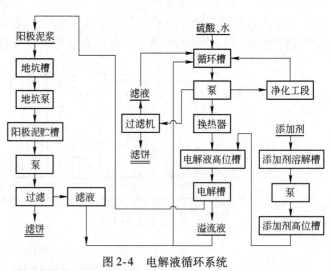

图 2-4　电解液循环系统

石墨和铅管加热器已经被淘汰。芬兰的 Larox（陶瓷）净化过滤机对电解液中微米级悬浮物的过滤是很有效的。

2.3.4 铜电解精炼配套设备

为了满足生产需要，除上述设备外，电解车间还配有：阴极、残极洗极机，洗泥机，极板加工设备，泥浆泵等配套设备。

2.4 铜电解精炼操作

2.4.1 极板加工及制作

2.4.1.1 阳极板加工

阳极分为大耳阳极和小耳阳极，如图 2-5 所示。大中型工厂采用大耳阳极，小型工厂多采用小耳阳极。

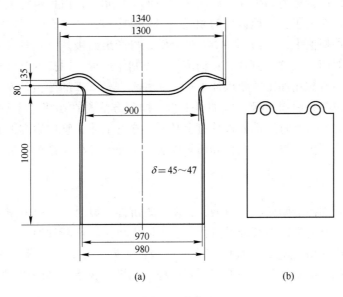

图 2-5 阳极
(a) 大耳阳极；(b) 小耳阳极

阳极的外观应满足以下要求：

（1）每块阳极板厚薄均匀，重量误差有一定范围；

（2）板面突出物高度及面积、气孔大小及面积、飞边毛刺高度等受到限制；

（3）板面有一定的平直度；

（4）板面无夹渣，极板耳部无夹层。

阳极加工处理，有机械和人工处理两种情况，国内外一些先进的工厂阳极加工处理主要靠阳极整形机组来完成。阳极整形机组完成的作业包括平板、铣耳、排板上架几个部分。为了使阳极在电解槽内保持垂直，先将整个阳极板压平，再以铣耳机将不规则的阳极耳部用鼓形回转刀具，把耳子底面切削成半圆形或平面，圆心在阳极板中心线上，铣耳工作完毕后即可排列上架。阳极板的机械化加工工艺流程如下：

火法产合格阳极→平板→铣耳→排板→上槽

阳极的人工处理，首先用大锤将不规则的耳部大致砸齐，使耳子与板面成一条线，再使阳极按规定的极距摆在表面平整的排板架上，然后两人配合，砸平耳部使板面垂直，铲掉飞边毛刺，使每块阳极之间上下保持相等的距离，将阳极吊入含硫酸 $100 \sim 200g/L$、温度在 $60℃$ 以上的稀硫酸溶液中浸泡一定时间，使表面的氧化亚铜在硫酸溶液中除掉，同时使阳极板升温，不至于进入电解槽降低电解液的温度。其化学反应式为：

$$Cu_2O + H_2SO_4 \Longrightarrow Cu + CuSO_4 + H_2O$$

经泡洗后的阳极起吊后，须将表面铜粉冲净，否则铜粉进入电解槽内黏附到阴极上形成铜粉疙瘩，影响阴极铜的质量。阳极板的人工加工工艺流程如下：

火法生产合格阳极→平耳、平板→排板→铲去飞边毛刺→泡洗、冲洗→装槽

2.4.1.2　始极片制作

铜电解阴极，通常称为始极片。始极片用纯铜薄片制成，由种板槽生产（以钛板、轧制铜板或不锈钢板作为阴极，粗铜作为阳极）。钛种板下槽之前要进行加工处理，加工处理后的种板装入种板槽中，经过 $12 \sim 24h$ 的电解，可产出始极片。从种板上剥离下来的始极片，需要经过剪切、压纹、钉耳、穿铜棒等阴极制作过程。阴极的制作有半机械化和机械化两种方式。半机械化加工的始极片平直。从种板剥离下来的始极片是不平的，下到电解槽内容易引起短路，因而始极片应加工平直。加工方法是在始极片上加纵向或横向筋，加筋由压纹机来完成。平直后的始极片钉上耳子，穿好铜棒，整理后方可下槽。

机械化加工主要由压纹、导电棒和吊耳安装、平板、翻板、排板等工序组成。

2.4.2　出装槽

电解槽内装好阴极、阳极、电解液，让阳极泥沉淀一段时间，电解槽内技术条件稳定以后，就可以通入直流电，电解开始进行。随着阴极析出物不断加厚，变成阴极铜；阳极不断溶解逐渐变成残极；电解过程中产生的阳极泥不断脱落，随着槽底阳极泥层越来越厚，到一定时间就要更新处理。一般把更新阴极、阳极，获得产品阴极铜，刷洗电解槽等操作称为出装作业。

出装槽作业有单极和两极之分。

单极出装是指出阴极，比较简单，作业时间较短。首先将要出装的电解槽两侧的槽间导电板端头和横电导电板擦干净，然后横上电棒使该槽短路，配合吊车将该槽阴极吊出，控净阴极上的电解液，将阴极铜在烫洗槽中烫净表面的电解液，再经二次烫洗，吊出后经检验、摆板、检斤入库，待阴极铜的化学成分化验出来后即可出售。出完阴极的电解槽，擦净槽间导电板，把准备好的始极片下入槽中，找好排列，待阳极泥沉淀一段时间后，即可撤下横电棒通电。

两极出装作业比较复杂，作业时间比较长。首先将要出装的电解槽两侧的槽间导电板端头和横电导电板擦干净，然后横上电棒使将要出装的电解槽短路，关闭电解液的循环，将阴极按照单极的出装程序处理，再把阳极全部吊出，吊至残极冲洗槽进行冲洗，将附在残极上的阳极泥冲净，然后对经冲洗后的残极进行挑选，把板面完整、厚度足够在电解槽

中电解一天以上的残极挑选出来摆放整齐备用，目的是降低残极率。不能继续使用的残极返回火法。两极的作业中，出完阴极后即可拔小堵放液。把上层清洁的电解液放回到集液槽中继续参加电解液的循环。两极都出完后，堵上小堵，然后拔下大堵，放出阳极泥，经阳极泥溜槽流至阳极泥地坑。掉到槽底的铜疙瘩、残极片等铜料要单独清理出来，槽底的阳极泥用电解液或清水冲净，最后堵上大堵。堵大小堵之前，要求各堵的胶圈完好，堵严不漏液。上述作业称为刷槽。刷完槽后，把槽间导电板用钢丝刷刷洗干净，把橡胶板上的铜粒和其他脏物清理干净，这样就可以装槽了。先装阳极，找好阳极极距，然后照大耳，用手电筒照明，逐片检查阳极排列上、下距离是否相等，对上、下距离不相等的阳极用卷好的铜垫将其耳部垫上，使阳极上、下距离相等。阳极装好后再装阴极，找好排列，使阴、阳极板面对齐。检查完毕后，把电解液循环打开，待电解槽装满电解液后，撤掉横电导电板通电。对横电导电板通电的时间要做好生产原始记录。

2.4.3　电解液循环操作

电解液的循环，对溶液起到搅拌作用，消除电解精炼过程中产生电极极化和浓差极化使电解槽中各部位电解液的成分趋于一致，并将热量和添加剂传递到电解槽中。

循环量的大小与阳极板的成分、电流密度、电解槽的容积及电解液的温度有关。阳极的杂质含量高，阳极泥量大，循环量应控制得较小，以免将阳极泥搅起后黏附在阴极上造成长粒子；但循环量过小，则传递热量和添加剂的效果不好。

每槽循环量一般为 18~25L/min。

电解液循环岗位技术操作规程：

（1）认真取样、分析、检测电解液的 H_2SO_4、Cu^{2+}、杂质离子浓度，并根据化验结果进行补液、补酸来调整电解液的组成，把电解液控制在生产技术条件要求的范围内；

（2）按规定时间测量电解槽中电解液的温度；

（3）随时观察循环大泵的运转情况、生产气压等，保证生产设备的正常运行；

（4）随时调整缓冲槽出口阀门，避免集液槽抽空和冒罐；

（5）勤检查加热器的回水情况，发现回水发绿时及时处理；

（6）当突然停电、停气时，应先关闭加热器出口阀门，然后关闭循环大泵的进出口阀门。当停某跨循环时，应当先关闭缓冲槽的该跨出口阀门，并注意集液槽的体积平衡；

（7）按生产记录项目如实认真填写生产记录，本班特殊生产情况必须向下班交代清楚，并写入记录，记录本不得乱撕乱画。

2.4.4　电解液的成分及温度调整

2.4.4.1　电解液的成分调整

铜电解精炼所用的电解液为硫酸和硫酸铜组成的水溶液。这种溶液导电性好，挥发性小，且比较稳定，使电解过程可以在较高的温度和酸度下进行。另外，硫酸铜的分解电压较低，砷、锑、铅等在硫酸溶液中能生成难溶化合物，因而杂质对阴极质量的影响相对较小，而且贵金属在硫酸溶液中也能得到较完全的分离。这些都使得以硫酸溶液作为铜电解液，比采用其他溶液如盐酸溶液、硝酸溶液、铵盐溶液等具有较大的优越性。

由于电解精炼所处理的阳极铜中含有多种可溶或不可溶的杂质，因而实际生产所使用的电解液中总会有一定浓度的砷、锑、铋、镍、铁、锌等杂质离子，以及漂浮阳极泥粒子。为了满足一定质量要求的阴极铜产品的生产，通常对电解液的成分都有一定的要求或控制。电解液成分与阳极成分、电流密度等电解的技术条件有关，也与对阴极铜的质量要求有关。由于具体条件不同，各工厂的电解液成分也不相同，一般成分中呈 $CuSO_4$ 形态的铜为 35～55g/L、H_2SO_4 100～200g/L。对于大多数生产高纯阴极铜（Cu – CATH – 1）的工厂，还需控制其他杂质的质量浓度范围，如砷低于 7g/L、锑低于 0.7g/L、铋低于 0.5g/L、镍低于 20g/L 等。

电解液中铜的含量，应视电解液的纯净与否等因素而灵活掌握。纯净的电解液，即使铜含量较低，也能得到纯度很高的阴极铜。一般用铜含量为 30g/L 进行生产，就能得到满意的产品，而且电解液的电阻较小，可以节约电能。若使用含铜浓度过低的电解液，一旦遇到电解液循环发生阻碍、阳极发生钝化、阴极附近的铜离子浓度补充不及时的情况，杂质就有可能在阴极上析出。当电解液铜含量低于 12～18g/L 时，杂质砷、锑、铋就有在阴极上放电析出的危险。因此，一般宜采用铜含量高于 35g/L 的电解液进行电解。

电流密度增加时，单位时间内在阴极上放电析出的铜量亦随之增加，因此电解液的铜含量亦应相应地提高。一般若以 200A/m² 的电流密度进行电解，电解液的铜含量应保持在 37～45g/L；电流密度为 200～250A/m² 时，铜含量应保持在 40～45g/L；电流密度为 250～300A/m² 时，电解液铜含量则略有提高，至 45～50g/L；电流密度高于 300A/m² 时，电解液铜含量则提高至 45～60g/L。

一价铜离子的生成和氧化及其所引起的副反应，造成电解液中的铜含量不断升高，且随温度升高，平衡常数增大。因此，当电解液的温度较高时，溶液中的铜含量增长加快。

如阳极铜中杂质含量很高，则按铜计算的阴极电流效率会高于阳极电流效率，即在单位时间内阴极析出的铜量大于从阳极上溶解的铜量，因而电解液铜含量逐渐贫化。为维持正常的电解生产，必须定期向电解液中加入硫酸铜晶体，以补充溶液中铜离子浓度的不足。反之，如阳极铜的主品位（含铜）很高，杂质含量较低，则会使阴极电流效率低于阳极电流效率，使电解液中铜离子逐渐累积。当电解液中铜含量超过其溶解度或电解液的温度下降时，硫酸铜就可能从电解液中结晶在输液管道和阴、阳极板以及电解槽内壁上，使电解作业不能正常进行。

在电解生产过程中，必须根据各种具体条件来控制电解液的铜含量，使其处于规定范围。在定期定量地抽出电解液进行净化的基础上，如发现电解液中的铜含量仍有不断上升的趋势，则必须考虑适当降低电解液的温度、提高电流密度、开设或增加电解槽列中的脱铜槽等措施。脱铜槽是在该电解液的循环系统中设置的一定数量的电极槽，把按 Cu^{2+} 积累速度计算确定的一定数量的电解液放入其中，以铅基合金板作为阳极，以普通始极片作为阴极，在高于硫酸铜分解电压的槽电压下将电解液中的硫酸铜分解，在阴极上析出阴极铜，达到降低循环系统中电解液铜含量的目的。

电解液中的硫酸的质量浓度一般波动于 100～220g/L，并有采用高酸电解液进行电解的趋势。因为酸度愈大，电解液的导电性愈好。电解液中的硫酸含量不能无限制地提高，因为硫酸浓度增大，硫酸铜的溶解度就会降低，严重时便有从溶液中析出结晶的可能。而且，硫酸浓度越高，阳极区 Cu^{2+} 达到饱和浓度值越小，使阳极最大允许电流密度减小。

这样，即使在较低的阳极电流密度下也可能发生阳极钝化。

此外，随着阳极的溶解，电解液中的杂质如砷、锑、铋、镍、铁、锌等不断积累。杂质的积累，也使硫酸铜的溶解度降低。因此，在杂质含量高的电解液中，硫酸含量也应适当减小。

杂质在溶液中的积累，除了使硫酸铜的溶解度减小外，还会使溶液的电阻增大（比电导减小），密度和黏度都增大，同时使阳极泥的沉降速度减慢，增加了电解液中悬浮物（漂浮阳极泥）的含量，加大了电解液和悬浮物对阴极铜的污染程度，导致阴极铜的质量降低。因而各工厂都根据各自的具体条件，如阳极成分、阴极铜的质量标准、电流密度、电解液的循环及加热情况等，对电解液中的杂质含量做了一定的限制。表 2-3 列举了国内外一些铜电解工厂所采用的电解液成分。

表 2-3　铜电解液成分举例　　　　　　　　　　　g/L

工厂		阳极特点	H_2SO_4	Cu	Ni	Fe	As	Sb	Bi	Cl	悬浮物	产品质量标准
国内	1	高砷	175	46	10.7	4.65	48.75	1.5	0.71	0.06 ~ 0.08	< 0.03	Cu – CATH – 2
	2	高铋	216	46	< 13	< 4	2.9	0.49	< 0.3	0.057	0.03	Cu – CATH – 1
	3	砷略高	160 ~ 180	40 ~ 45	< 12	0.4	< 8	< 0.5	< 0.5	0.04	< 0.03	Cu – CATH – 1
	4		185 ~ 195	48 ~ 50			< 5	< 0.5		0.06		Cu – CATH – 1
国外	1	高镍	150	45	21		2.0	< 0.1	0.13	0.02		Cu – CATH – 1
	2	高铅	180	45	17		7	0.3	0.1	0.04		Cu – CATH – 1
	3	高银	192	46	11.5		1.3	0.5	0.3	0.04		Cu – CATH – 1

控制电解液中杂质浓度的方法，是以在电解过程中积累速度最大的杂质为基础，按其积累的速度，计算出它在全部电解液中每日积累的总量，然后从电解液循环系统中抽出相当于这一总量的电解液送往净化工序，再补充新水和硫酸。这样，就可以既维持电解液的量和酸度不变，又使杂质浓度不超过规定的标准。为了降低电解液中的银离子浓度，使其不在阴极上放电损失并抑制电解液中砷、锑、铋离子的活性以及消除阳极钝化，一般电解精炼工厂都向电解液中加入盐酸或食盐，以维持电解液中有一定的氯离子浓度（一般为 15 ~ 60mg/L）。

此外，为了防止阴极铜表面上生成疙瘩和树枝状结晶，以制取结晶致密和表面光滑的阴极铜产品，电解液中还需要加入胶体物质和其他表面活性物质，如明胶、硫脲等。但这些物质的加入，增加了电解液的黏度，其加入的数量应视各厂的具体生产条件而定。

（1）动物胶：动物胶是铜电解精炼过程中的主要添加剂，它能细化结晶，改善阴极表面的物理状态。动物胶一般加入量为 25 ~ 50g/t，加入量过多时，电解液的电阻增大，阴极铜分层、质脆。

（2）硫脲：硫脲是一种表面活性物质，单独使用时作用不明显，通常与动物胶混合使用，能促使阴极铜表面细化、光滑、质地致密。硫脲一般加入量为 20 ~ 50g/t。

（3）干酪素：干酪素与动物胶混合使用，能抑制阴极表面粒子的生长和改变粒子的形状等。干酪素一般用量为 15 ~ 40g/t。

（4）盐酸：盐酸可维持电解液中氯离子的含量。电解液中的氯离子可以使溶入电解液中的铅、银离子生成沉淀，同时还可以防止阳极钝化、阴极产生树枝状结晶。但氯离子过多时，阴极上会产生针状结晶。盐酸的一般用量为 300 ~ 500mL/t。

2.4.4.2　电解液的温度调整

提高电解液的温度，有利于降低电解液的黏度，使漂浮的阳极泥容易沉降，增加各种离子的扩散速度，减少电解液的电阻，从而提高电解液的电导率、降低电解槽的电压，以减少铜电解生产的电能消耗。

2.4.5　电解液净化操作

2.4.5.1　电解液净化方法

在电解过程中，电解液中逐渐富集了镍、砷、锑、铋等大量的杂质，添加剂的分解产物不断积累，给电解生产带来很多不利因素，为此每天必须抽出一定数量的电解液进行净化处理。通常铜电解液的净化工序由以下几部分组成：

（1）电积脱铜。一方面，在电解过程中，电解液中的铜离子浓度不断升高，需要抽出一部分电解液送净化脱铜使电解液的铜离子控制在技术条件范围内；另一方面，为了实现铜、镍分离，需要先将废电解液内的铜脱去。脱铜槽内阳极采用铅板，阴极采用铜始极片，通过直流电后发生电化学反应。

阴极反应：
$$Cu^{2+} + 2e = Cu$$

阳极反应：
$$H_2O - 2e = \frac{1}{2}O_2 + 2H^+$$

（2）电热蒸发脱镍。电热蒸发法是用三根石墨电极插入装有溶液的浓缩槽中，电源装置输出较高的电流到电极，通过溶液自身的电阻产生热使溶液沸腾，从而浓缩溶液。浓缩液经过水冷结晶槽冷却，真空吸滤后得到粗硫酸镍产品，使电解液中的镍被脱除。

（3）中和法生产硫酸铜。中和原理是在盛有电解液、铜皮、铜屑、铜残极的中和槽中鼓入空气，通入蒸汽加热，发生如下反应：
$$2Cu + 2H_2SO_4 + O_2 = 2CuSO_4 + 2H_2O$$

经过一段时间的溶解，铜离子的浓度及酸的浓度达到标准后，即可装入结晶槽冷却结晶，再经过离心过滤，得到结晶硫酸铜。

（4）真空蒸发浓缩。真空蒸发是利用低压下溶液的沸点降低的原理，用较少的蒸汽蒸发大量的水分。经过真空蒸发后的溶液，进行水冷结晶，然后再进行离心分离得到硫酸铜结晶。

2.4.5.2　净化后液的质量标准

电积脱铜终液铜的质量浓度低于 0.5g/L，可以返回电解系统或者进入下一道净化工序除杂。电热蒸发后液的酸度不低于 1000/L，脱镍后返回电解系统补酸。

2.4.6　极距的控制

极间距离通常以同名电极（同为阳极或阴极）之间的距离来表示，简称极距。极间距离对电解过程的技术经济指标以及电解铜的质量，都有很大的影响。同极中心距的确定与极板的尺寸和加工精度等因素有关。

缩短极间距离，可以降低电解液电阻，即降低电解槽的电压和电解铜的直流电耗。由于极间距的缩短，可以增加电解槽内的极片数量，从而提高设备的生产效率。但是，极距的缩短，会使阳极泥在沉降过程中附着在阴极表面的可能性增加，造成贵金属损失的增加，并使阴极铜质量降低。此外，极距的缩短，也会使极间的短路接触增多，引起电流效率下降；为了消除短路，必然消耗大量的劳动。因此，极间距的缩短对阴、阳极板的加工精度和垂直悬挂度提出了更加严格的要求。

2.4.7 短路、断路、漏电检查

2.4.7.1 短路检查

短路即阳极与阴极直接接触，特征是阴极棒发热，产生原因是由于两极不平整或阴极长粒子，使阴阳两极接触。短路的危害是降低电流效率。用短路检测器检查，发现短路时，应立即将阴极提起，敲打掉粒子或矫正板面，消除短路。

2.4.7.2 断路检查

断路即电路不通，电极无电流通过，阴极无铜析出，反而会有铜化学溶解，颜色变黑，特征是导电棒发凉。断路产生原因是由于两极不平整或阴极长粒子，使阴阳两极接触。断路危害是降低电流效率。

2.4.7.3 漏电检查

电流不按阳极、电解液、阴极的顺序流过，不起电化作用而消耗电能的现象称为漏电。漏电现象有导电板、电解槽对地漏电、电解槽内衬带电等。漏电会使电流效率降低、损坏设备，甚至引发火灾，故需要用专门的检测设备经常加以检查，并加强电解槽系统的绝缘。

2.5 故障处理

2.5.1 阴极析出物成海绵铜状

发生阴极析出物成海绵铜状故障原因。电解槽导流板损坏，使槽内电解液成分、温度、添加剂含量等不均匀，导流板损坏以下部位的槽内电解液含铜贫化严重；长时间循环量过小或中断，使槽内电解液铜离子贫化严重等。

处理措施。放液后检查导流板是否损坏，若损坏应及时停槽进行修补；加强管理，调整循环量，严格按技术条件进行控制。

2.5.2 阴极铜两边厚薄不均

发生阴极铜两边厚薄不均故障原因。主要是槽内阴阳极不对正，排列不齐，导致阴极一边边缘离阳极的边缘太近，电力线集中而形成厚边，另一边边缘偏离阳极太远，电力线稀疏而形成薄边。

处理措施。在出装作业过程中加强操作，使新下槽的阴阳极对正、排列整齐，在处理短路（烧板）作业中提出的阴极板下槽后要找好排列，确保阴极的析出均匀。

2.5.3 电解过程中的短路（烧板）

发生电解过程中的短路（烧板）故障原因。在电解生产过程中，出于种种原因，使阴、阳极接触产生短路。短路会使电流效率降低，电耗升高，影响阴极析出质量。烧板有热烧板和凉烧板之分。热烧板的阴极通过的电流大，放热多，阴极导电棒温度较高；凉烧板的阴极由于无电流通过或通过的电流很小，阴极导电棒的温度低。

处理措施。加强槽面管理，采取手摸或短路检测仪表（如干簧管、红外线扫描器等）及时发现极间短路，予以处理。处理时要将短路的阴极轻轻提出，视情况采取不同方法进行处理。若是因长疙瘩引起短路，则需要用手锤将疙瘩打掉；若是由于阴极弯曲所致，则需将其平直后放入槽中；如果是因阳极倾斜，则需用手锤敲打耳部下矫正位置；若是因接触不良，则需擦净接触点，以使其导电良好。

2.5.4 阴极铜板面出现麻孔

发生阴极铜板面出现麻孔故障原因。由于电解液循环量过小，导致集液槽、高位槽液面太低，使整个电解液处于翻腾状态，带入大量气体；或加热器铁板片产生泄露，使大量蒸汽通过加热器钛板片进入电解液内，电解液夹杂大量气泡；或泵密封不严，在抽入电解液的同时，将空气抽入电解液内，造成阴极铜板面出现麻孔。

处理措施：（1）保持集液槽、高位槽中液体体积，防止液体体积控制过少。（2）勤于观察，一旦发现阴极表面产生气孔，立即检查板式换热器回水，如回水串酸，则表明换热器铁板片有泄漏现象，停掉泄漏的换热器，更换已坏的钛板片。（3）搞好泵的密封，定期清理酸泵的底阀，防止堵塞，保证泵的上液量正常。

2.5.5 阴极断耳

产生阴极断耳故障原因。一是阴极吊耳存在铜皮柔韧性差、过薄等问题；二是阴极电解周期内电解液的液面高度控制不当，未能使阴极吊耳与板面连接牢固，或液面始终处于一个高度，一方面使耳部的厚度偏差过大而发生折断，另一方面是液面临界处的铜吊耳被腐蚀变薄而折断；三是由于吊耳尺寸过窄，不能承受阴极的重量而断裂。

处理措施。选择厚度适中、柔韧性好的铜皮作为吊耳；在阴极的电解周期内合理调整电解液液面高度，使阴极吊耳与板面连接牢固；选择与阴极重量相匹配的吊耳宽度等。

2.6 铜电解精炼技术条件

铜电解精炼技术条件，对操作能否正常进行、经济指标的改善和保证电铜的质量都有决定性的意义。

铜电解精炼技术条件的选择，取决于各工厂的阳极成分和其他具体条件。对于杂质含量低、贵金属含量较高的铜阳极，可以采用较高的电流密度、较高的电解液温度，而电解液的循环速度宜小。对于杂质含量高、贵金属含量低的铜阳极，电解液的杂质含量必须严加控制，电流密度不宜过高，而电解液的温度宜高，循环速度应较大，且应增大净液量。

此外，如产量任务与设备能力基本相适应，可以采用最经济的电流密度进行生产；如产量任务大，而设备能力又较小，就必须采用高电流密度，同时其他技术条件也应做相应改变和调整。

2.6.1　电解液的温度

提高电解液的温度，有利于以下两点：

（1）降低电解液的黏度，使漂浮的阳极泥容易沉降，增加各种离子的扩散速度，减少电解液的电阻，从而提高电解液的导电率、降低电解槽的电压，以减少铜电解生产的电能消耗。

（2）消除阴极附近铜离子的严重贫化现象，从而使铜在阴极上能均匀地析出，并防止杂质在阴极上放电。

过高的电解液温度也会给电解生产带来不利的一面：

（1）温度升高，添加剂明胶和硫脲的分解速度加快，使添加剂的消耗量增加。

（2）温度升高，有利于反应向着生成 Cu^+ 的方向移动，从而使电解液中的铜含量上升，同时也加剧了铜在电解液中的化学溶解，使电解液中的铜含量更进一步提高。

（3）温度升高，电解液的蒸发损失增大，会使车间的劳动条件恶化，同时增加蒸汽的消耗。

目前，一般保持电解液的温度为 58~65℃。

2.6.2　电解液的循环

在电解过程中，电解液必须不断地循环流通，以保持电解槽内电解液温度均匀，浓度均匀。电解液循环速度的选择主要取决于循环方式、电流密度、电解槽容积、阳极成分等。当操作电流密度高时，应采用较大的循环速度，以减少浓差极化。但是循环速度过快，又会使阳极泥不易沉降，且造成贵金属的损失增加，有时还会导致阴极质量恶化和板面大量长粒子。在电解液循环过程中，在保证消除阴极附近铜离子过度贫化的基础上，应力图保持电解液的清透明亮，防止溶液浑浊。

循环速度大小和选择，主要决定于电流密度。电流密度越大，要求的循环速度越大。不过，在提高电解液温度的情况下，循环速度可以适当地减小。

目前，一般保持电解液的循环速度为 18~25L/min。

2.6.3　极间距离

在实际生产过程中，小型阳极板的同极中心距一般为 75~90mm；大型极板为 95~115mm。采用 Hazelett 法连铸阳极时，因阳极板的厚度一般为 15~20mm，因此，同名极距也相应缩短。

2.6.4　电流密度

电流密度一般指阴极电流密度，即单位阴极板面积上通过的电流强度，是最重要的技术经济指标之一，也是影响金属沉积物结构和性质的一个主要因素。

一般来说，电流密度低，产生细粒黏附的阴极沉积物；电流密度高，易产生粗粒不黏附的多孔沉积物，而且阳极易钝化。同时，电流密度也决定了电解槽的生产能力。提高电流密度可以在不增加设备的条件下，提高产量，提高劳动生产率。对于新建的工厂，则可在保证同样生产能力的条件下，减少电解槽数，节约基建投资，所以在保证电解铜质量的前提下，力求采用较高的电流密度。目前，常规铜电解的电流密度一般为 $220 \sim 300 A/m^2$。下面对电流密度的影响进行讨论。

（1）电流密度对电能消耗的影响。

提高电流密度会使阴、阳极电位差加大，同时电解液的电压、接触点和导体上的电压损失增加，从而增加了槽电压和电解的直流电耗。

（2）电流密度对贵金属损失的影响。

随着电流密度的提高，需增大电解液的循环速度，使电解液中阳极泥的沉降速度减小，从而增加了电解液中阳极泥的悬浮程度；同时促使阳极不均匀溶解及阴极不均匀沉积的一些因素会得到加强，所以阴极表面比较粗糙，这两个因素使阳极泥机械黏附于阴极的可能性增加。此外，由于电流密度的提高，电极之间的电磁场强度也随之增加，加大了阴极对一些带正电荷的悬浮阳极泥粒子和银离子的吸引力，使悬浮阳极泥在阴极上的黏附以及银离子在阴极上放电的可能性增加，使贵金属的损失增大。同时也使电解铜中贵金属含量增加。

（3）电流密度对电解铜纯度的影响。

在高电流密度下生产，阴极附近电解液中铜离子贫化现象加剧，如得不到及时补充，杂质离子容易放电析出，降低阴极铜含量。

同时在高电流密度下生产的阴极铜表面相对比较粗糙，它不仅易黏附悬浮的阳极泥粒子，而且易于在粗糙的凸瘤粒子之间夹杂电解液，阴极铜中的镍、铁、锌及其他杂质含量都有升高的可能。

因此，在高电流密度下，必须相应地调整添加剂的使用，或使用新的、更有效的添加剂，提高电解液的温度，以保证阴极铜的质量。

（4）电流密度对电流效率的影响。

电流密度提高后，易引起阴极表面的树枝状结晶、凸瘤、粒子等析出物，导致阴、阳极之间的短路现象显著增加，从而引起电流效率的下降。反之，当电流密度过小时，二价铜离子在阴极上的放电有不完全的现象，成为一价铜离子；一价铜离子又可能在阳极上被氧化为二价铜离子，导致电流效率下降。

（5）电流密度对蒸汽消耗的影响。

随电流密度提高，由于电解液电阻增大而产生的热量增加，故用来加热电解液所需的蒸汽消耗量减少。若将蒸汽消耗换算为能量消耗，则由于提高电流密度而导致的电能与蒸汽之和的总能耗往往是下降的。

2.7 铜电解精炼的主要技术经济指标

2.7.1 电流效率

铜电解精炼的电流效率通常是指阴极电流效率，为电解铜的实际产量与按照法拉第定律计算的理论产量之比，以百分数来表示。引起阴极电流效率降低的因素较多，如电解的副反应、阴极铜化学溶解、设备漏电以及极间短路等。

电流效率一般为 92% ~97% 。

2.7.2 槽电压

槽电压是影响电解铜电能消耗的重要因素，它比电流效率的影响更为显著。只要操作或技术条件的控制稍有不当，槽电压就可能上升百分之几十甚至成倍上升。

槽电压一般为 0.2 ~0.3V 。

降低槽电压的措施有：

（1）改善阳极质量，力求将粗铜中的杂质在火法精炼中脱除，以降低阳极电位，防止阳极泥壳的生成。

（2）合理的残极率，一般在 20% 。过低的残极率会引起阳极在工作的末期，槽电压急剧升高。

（3）阴、阳极，导电棒，导电板之间的接触点应经过清洗擦拭，以保持接触良好。

（4）电解液成分、硫酸含量、铜离子浓度维持在合理的范围，并尽可能地降低其他杂质的含量和明胶的加入量。

（5）尽可能地维持较短的极间距离。

实践中使用的每吨电解铜的直流电能消耗计算方法如下：

$$单位直流电能消耗 = \frac{消耗直流电能}{电铜产量}$$

消耗的直流电能包括普通电解槽、种板电解槽、脱铜电解槽、再用残极槽及线路损失等全部直流电消耗量。一般的每吨电解铜电能消耗为 220 ~240kW·h 。

降低槽电压的措施：提高电流效率、降低槽电压。

2.7.3 其他指标

除上述指标外，还有铜回收率、残极率、硫酸单耗、蒸汽单耗等。铜电解精炼的主要技术经济指标如表 2-4 所示。

表 2-4 铜电解精炼技术主要经济指标

名　称	单　位	厂　别						
		1	2	3	4	5	6	7
电流效率	%	95 ~97	95 ~97	96	95	95	94 ~96	92 ~94
残极率	%	14 ~16	13.5 ~14	18	18 ~25	13	18	16
电解直接回收	%	85	—	—	82	86	—	—
电解回收率	%	99.9	99.8	99.9	—	99.8	99.6	99.7
单位直流电能消耗	kW·h/t	230 ~260	230	320	260 ~270	350	380	200 ~280
单位硫酸消耗	kg/t	4 ~5	3.2	6.7	5 ~10	5	12 ~17	5 ~10
单位蒸汽消耗	t/t	1.6 ~2.0	0.9 ~1.0	—	—	1.8	1.2 ~1.8	1.2 ~1.4
槽电压	V	0.2 ~0.35	0.25	0.25 ~0.3	0.25 ~0.3	0.3	0.3 ~0.4	0.23 ~0.35

复习思考题

2-1　铜电解目的和原理是什么?

2-2　铜电解使用的设备主要有哪些?

2-3　画出铜电解工艺流程图。

2-4　铜电解正常操作有哪些具体内容?

2-5　铜电解生产过程中故障如何判断及处理?

2-6　铜电解主要技术条件有哪些?

2-7　铜电解精炼的主要技术经济指标有哪些?

3 铅电解精炼技术

我国炼铅厂的粗铅精炼大都采用粗铅火法精炼-电解精炼的联合工艺流程，它的火法精炼部分只是除铜，也有工厂还除锡，得到的是初步除铜（锡）粗铅，被浇铸成阳极板后电解。

初步火法精炼产出的阳极粗铅一般含98%～98.5%Pb、1.5%～2.0%的杂质。杂质的存在会使铅的硬度增加，延展性及抗蚀性降低，制得的铅白或铅丹颜色变差。电解精炼的目的是进一步脱除有害的杂质，并且回收粗铅中的有价元素，特别是贵金属。

3.1 铅电解精炼原理

铅电解精炼时，可视为下列化学系统：

$$Pb_{(纯)} \mid PbSiF_6，H_2SiF_6，H_2O \mid Pb_{(粗)}$$

电解液各组分在溶液中离解为 Pb^{2+}、SiF_6^{2-}、H^+、OH^-

利用铅与杂质的电位差异，通入直流电，阳极板上的粗铅发生电化学溶解，阴极附近的铅离子在阴极上电化析出。贵金属和部分杂质进入阳极泥，大部分杂质则以离子形态保留在电解液中，从而实现了铅与杂质的分离。粗铅被提纯为阴极铅的过程（精炼的过程）：

$$Pb（粗铅）\longrightarrow Pb'（阴极铅）$$

3.1.1 电解过程的电极反应

3.1.1.1 阳极反应（氧化反应）

（1）在阳极上可能发生下列反应：

$$Pb - 2e === Pb^{2+}，\quad \varphi(Pb^{2+}/Pb) = -0.13V$$

$$2SiF_6^{2-} + 2H_2O - 2e === 2H_2SiF_6 + O_2$$

$$Me - 2e === Me^{2+}，\quad \varphi(Me/Me^{2+}) < -0.13V$$

式中，Me 代表 Fe、Ni、Zn、Co、Cd 等比 Pb 更负电性的金属，它们从阳极上溶解进入溶液，但不会在阴极析出。同时在实际条件下 SiF_6^{2-} 放电的可能性很小。

（2）阳极主反应：

因为有电位差和超电位存在，在铅电解精炼过程的实际条件下，阳极主反应为：

$$Pb - 2e === Pb^{2+}（阳极铅溶解）$$

3.1.1.2 阴极反应（还原反应）

（1）在阴极上可能发生的反应：

$$Pb^{2+} + 2e === Pb，\quad \varphi(Pb^{2+}/Pb) = +0.34V$$

$$2H^+ + 2e === H_2，\quad \varphi(H^+/H_2) = 0V$$

$$Me^{2+} + 2e === Me，\quad \varphi(Me/Me^{2+}) > 0.34V$$

在正常情况下，H^+ 在 Pb 上具有很大的超电压，使 H 的放电电位比 Pb 负得多，故 H^+ 不会在阴极析出，只有 Pb^{2+} 反应发生。而放电电位高于 Pb^{2+} 的 Me 在阳极很少溶解，所以浓度很低，很少会在阴极析出，故只有当阴极附近的电解液中铅离子浓度极低，并由于电流密度过高而发生严重的浓差极化时，在阴极上才可能析出氢气或杂质离子浓度过高才可能析出 Me。

（2）阴极主反应：

由上面分析可知，因为有电位差和超电位存在，在铅电解精炼过程的实际条件下，阴极主反应为：

$$Pb^{2+} + 2e \Longrightarrow Pb （阴极铅析出）$$

综上所述，在铅电解精炼过程中，两极上的主要反应是粗铅在阳极上的溶解和铅离子在阴极上的析出。

3.1.2　杂质在电解过程中的行为

在粗铅阳极中，通常含有金、银、铜、锑、砷、锡、铋等杂质，杂质在阳极中除以单质形态存在外，还以固溶体、金属间化合物、氧化物和硫化物等形态存在。阳极中的杂质在电解过程中的行为是很复杂的，按其标准电位可将阳极中的杂质分为三类：

（1）Zn、Fe、Cd、CO、Ni 等比铅负电性金属；

（2）Sb、Bi、As、Cu、Ag、Au 等比铅正电性金属；

（3）电位与铅相近的金属，比如 Sn。

第（1）类杂质金属能与铅一起从阳极溶解进入电解液，由于其析出电位较铅负，故在正常情况下不会在阴极上放电析出。由于这些杂质在粗铅中含量很少，且在火法精炼过程中很易除去，所以一般情况下不会在电解液中积累到有害的程度。

第（2）类杂质金属很少进入电解液，而是残留在阳极泥中。当阳极泥散碎或脱落时，这些杂质将被带入电解液中，并随着电解液流动而被黏附在和夹杂于阴极析出铅中，对阴极质量影响很大，尤其是铜、锑、银和铋的影响显著。

铜：阳极中铜的活性很小，在没有氧的参与下，不会呈离子状态进入电解液中，所以在电解液中含量很少。阳极中铜的存在严重影响阳极泥的物理性质。当阳极铜含量超过 0.06% 时，阳极泥将显著地变硬和致密，以致阻碍铅的正常溶解，并使槽电压升高而引起杂质的溶解和析出。因此，电解前粗铅必须先进行火法精炼，将铜含量降至 0.06% 以下。

锑：锑在阳极中呈固溶体的形态存在。由于其标准电位较正，在电解过程中很少进入电解液，而是留在阳极泥中。但锑能在阳极表面的阳极泥中形成坚固而又疏松多孔的网状结构，包裹阳极泥使之具有适当的附着强度而不脱落。当阳极锑含量大于 1.2% 时，阳极泥会变得坚硬而难以刷下。当阳极锑含量小于 0.3% 时，阳极泥容易散碎脱落，电解液浑浊，贵金属损失严重，析出铅质量难以保证。因此，生产中阳极锑含量一般控制在 0.4% ~ 0.8%。如果粗铅生产配料有困难，致使粗铅锑含量太高或太低，在初步火法精炼装锅时就要适量配入锑含量低或锑含量高的杂铅或粗铅，确保阳极有适量的锑，这在生产上称之为"调锑"。

砷：在电解过程中砷与锑的性质相似，难溶于电解液。阳极中砷的含量一般不大于 0.4%。砷和锑都具有增大阳极泥强度的效果。工厂实践证明，控制阳极中 Sb + As 含量大于 0.8%，可以确保阳极泥不掉落。

铋：铋和砷一样，标准电位比锑还正，在电解过程中不会呈离子状态进入电解液，而是保留在阳极泥中，所以用电解法分离铅铋是最彻底的。生产中偶然出现电解液含铋增高，导致析出铅质量不合格，多是由于掉极造成阳极泥溶解污染电解液造成的。

银：银通常是粗铅阳极中含量较高的杂质金属，也是阳极泥中回收价值最高的贵金属。电解时银和铋一样绝大部分保留在阳极泥中，在阳极泥中富集而有利于回收。电解液中通常含有微量的银是阳极泥机械带入电解液中而混入阴极。生产过程中，掉极会造成电解液中银含量大幅度增加，析出铅中银严重超标，质量得不到保证。

第（3）类杂质金属是锡。阳极中锡含量小于0.01%时，可获得合格的阴极铅。锡的标准析出电位是 -0.14V，与铅的电位非常接近，理论上将与铅一起从阳极溶解并在阴极析出。在工厂实践中，锡并不完全溶解和析出，仍有部分保留在电解液和阳极泥中，这是由于阳极中有部分杂质金属与锡构成金属间化合物，使锡的溶解电位升高，因而保留在阳极泥中。生产实践表明，当阳极含锑为0.4%～0.6%时，仅有30%～40%的锡在阴极析出。因此，在进行初步火法精炼时，有的工厂在除铜后接着除锡，以降低阳极的锡含量；也有的是在电解后熔铸析出铅的电铅锅中进一步除锡。

3.2 铅电解精炼工艺流程

铅电解精炼通常包括阳极制作、阴极制作、电解、电解液制备、净液及阳极泥处理等工序。其一般的生产流程如图 3-1 所示。

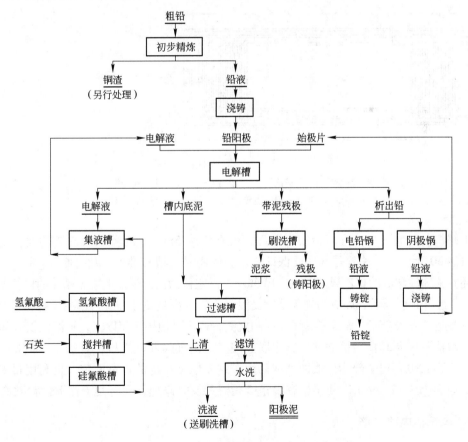

图 3-1 铅电解精炼工艺流程

3.3　铅电解精炼设备

3.3.1　电解槽

铅电解槽大多为钢筋混凝土单个预制，壁厚 80mm，长度为 2 ~ 3.8m。依据每槽极板片数和极间距离，两端各留 80 ~ 100mm 的距离为进出液用。槽宽视阴极宽度，两边各留 50 ~ 80mm 的空余，以利于电解液循环，槽宽度为 700 ~ 1000mm。槽深度取决于阴极长度和阴极下沿距槽底高度，后者一般为 200 ~ 400mm，它影响掏槽周期。槽总深度为 1000 ~ 1400mm。现广泛采用单体式电解槽，其结构如图 3-2 所示。

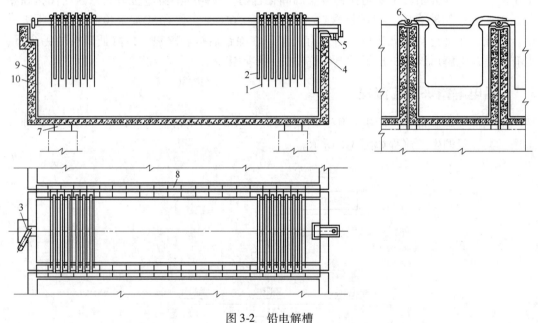

图 3-2　铅电解槽

1—阴极；2—阳极；3—进液管；4—溢流槽；5—回液管；6—槽间导电棒；

7—绝缘瓷砖；8—槽间瓷砖；9—槽体；10—沥青胶泥衬里

电解槽的防腐衬里过去多为沥青胶泥，现在则为 5mm 厚的软聚氯乙烯塑料。电解槽寿命可达 50 年以上，关键是制作要保证质量，使用时要精心维护，及时修理。

还有整体注塑成的聚乙烯塑料槽，厚 5mm，以它作为浇制钢筋混凝土槽体的内模板浇灌混凝土，经养护脱模后，即成为外部是钢筋混凝土、内部是整体防腐衬里的电解槽。这种电解槽只要施工方法合理，焊缝紧密无气孔和夹渣，衬里可使用 8 年以上，维修也较简单。

电解槽的配置是槽与槽之间电路串联连接，槽内极间并联连接。有的工厂把 8 ~ 16 个槽组成一列，也有把全部槽分成两列或四列，这要依据厂房的长宽而定。槽高度最好保证槽底距地面 1.8 ~ 2.0m，以便于检查槽是否漏液和及时修理，同时便于槽下设置贮液槽。

3.3.2　电解槽电路连接

电解槽的电路连接，一般采用复联法，即每个电解槽内的全部阳极（比阴极少一块）

并列相连，全部阴极（通常为 30 ~ 40 块）也并列相连，而槽与槽之间则为串联连接，如图 2-3 所示。

3.3.3 电解液循环系统设备

电解生产过程中，电解液必须不断地循环流通。在循环流通时：一是补充热量，以维持电解液具有必要的温度；二是经过过滤，滤除电解液中所含的悬浮物，以保持电解液的清洁度。电解液循环系统如图 2-4 所示。

循环系统的主要设备有循环液贮槽、高位槽、供液管道、换热器和过滤设备等。

集液槽：从电解槽流出的电解液通过溜槽流入集液槽，稍加停留，以便悬浮的固体物质沉淀下来，然后用酸泵送至高位槽，经过管道送入分配槽再进入电解槽中。

高位槽：电解液在此停留 3 ~ 5min，达到混合均匀并降温的目的。

分配槽：设在电解槽的进液端，电解液经溜口或虹吸管送入电解槽中。

泵：通常用立式离心泵。

3.3.4 铅电解精炼配套设备

为满足生产需要，除上述设备外，电解车间还配有：阴极、残极洗极机、洗泥机、极板加工设备、泥浆泵等配套设备。

3.4 铅电解精炼操作

3.4.1 阳极制作及加工

铅阳极制作工艺流程如图 3-3 所示。

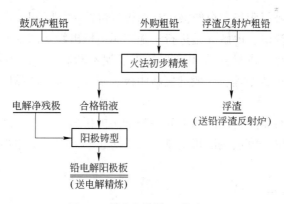

图 3-3 铅阳极制作工艺流程

铅电解精炼除了对阳极板的化学成分有一定要求外，同时对阳极板的物理规格也有严格要求。因此阳极在装入电解槽以前，要求经过清理和平整，并去掉飞边毛刺，表面平整光滑，无任何夹杂物及氧化铅渣，也不可有凸凹不平和歪斜之处，尤其对于阳极挂耳和导电棒接触的地方要注意平滑，以便在装入电解槽以后，阳极和导电棒有较大的接触面积，减少接触电阻。

为了消除电解过程中因阴极边缘电力线较为密集而产生的阴极厚边或瘤状结晶，阳极外形尺寸比相应的阴极尺寸小些，一般长度短20~40mm，宽度窄40~60mm。阳极尺寸范围较大，长740~920mm，宽640~760mm，厚20~25mm，重量为65~200kg。

3.4.2　阴极制备

阴极是用合格的析出铅或电铅铸成，它是在电解精炼中作为阴极，并使电解液中的铅离子在其表面析出的基底薄片，故又称为始极片。

根据铅电解的特点，始极片要比阳极稍大一些，一般长为900~1300mm，宽670~800mm，厚1~2mm，重量为11~13kg。

阴极制片原来用铸模板手工制作，因其主要缺点是劳动生产率低，劳动强度大，只有一些小厂还在应用。目前国内大部分铅厂都采用自动连续铸片机生产阴极始极片。它可连续完成制片、剪切、压合、平板、排板、装棒等操作。机械化生产的阴极始极片重量是手工生产的2~3倍，完全消除了析出铅掉极的现象。该机组在制片过程中，对始极片进行了压纹处理，其刚度变好，在排板、吊运和入槽后仍保持其平直状态，有利于电调操作工的操作，有利于改善技术经济指标。某铅厂始极片的化学成分（%）：Pb≥99.994，Cu≤0.001，Ag≤0.0005，Bi≤0.003。始极片物理质量要求：表面平直无开口、无孔洞、无卷角；表面光滑不带渣，切口折好包紧；阴极导电棒光亮平直，不粘谷壳；每片上下宽窄相等，厚薄均匀，重量符合要求。

始极片制造还包括光棒，即要光洁阴极导电棒。将阴极导电棒装入光棒机，同时加入稻谷粗壳和浓度为20%的稀硫酸，转动光棒桶，桶中棒与稻壳互相擦洗，转动结束后，筛去稻壳，阴极导电棒表面的污秽被清除干净变得光亮，从而获得良好的导电性能。

3.4.3　出装槽

电解槽内装好阴极、阳极、电解液，让阳极泥沉淀一段时间，电解槽内技术条件稳定以后，就可以通入直流电，电解开始进行。随着阴极析出物不断加厚，变成阴极铅；阳极不断溶解逐渐变成残极；电解过程中产生的阳极泥不断脱落，随着槽底阳极泥层越来越厚，到一定时间就要更新处理。一般把更新阴极、阳极，获得产品阴极铅，刷洗电解槽等操作称为出装作业。

在出槽时，通过行车用特制的吊架先将整槽阴极析出铅吊出，送往洗涤槽洗涤，然后将残极吊出，送残极刷洗槽用刷洗机洗刷。为了防止阳极泥污染析出铅，出槽一定要先出析出铅，后出残极。

3.4.4　电解液循环操作

电解液的循环，对溶液起到搅拌作用，消除电解精炼过程中产生电极极化和浓差极化使电解槽中各部位电解液的成分趋于一致，并将热量和添加剂传递到电解槽中。

电解液循环方法按电解槽排列布置不同可分为单级循环和多级循环。

（1）单级循环：电解液由高位槽分别流经布置在同一个水平面的每个电解槽后，汇集流回循环槽。采用该循环方法的优点是操作和管理比较方便，阴极铅质量均匀，应用非常广泛。

（2）多级循环：利用每一级槽中的位差，电解液由高位槽先后流经每一级槽，再流回循环槽。该循环方法的优点：电解槽布置紧凑，占地少，管道短，酸泵流量小，能耗低；缺点：上下级槽内电解液温度和浓度不一致，质量难以控制，目前基本上不采用。

就单个电解槽而言，电解液循环方式（见图2-2）可分为上进液下出液，下进液上出液。

循环量的大小与阳极板的成分、电流密度、电解槽的容积及电解液的温度有关。阳极的杂质含量高，阳极泥量大，循环量应控制较小，以免将阳极泥搅起后黏附在阴极上，造成长粒子，但循环量过小，则传递热量和添加剂的效果不好。

每槽循环量一般为18~25L/min。

电解液循环岗位技术操作规程：

（1）认真取样分析检测电解液的 H_2SO_4、Pb^{2+}、杂质离子浓度，并根据化验结果进行补液、补酸来调整电解液的组成，将电解液控制在生产技术条件要求的范围内。

（2）按规定时间测量电解槽中电解液的温度。

（3）随时观察循环大泵的运转情况、生产气压等，保证生产设备的正常运行。

（4）随时调整缓冲槽出口阀门，避免集液槽抽空和冒罐。

（5）勤检查加热器的回水情况，发现回水发绿时及时处理。

（6）当突然停电、停气时，应先关闭加热器出口阀门，然后关闭循环大泵的进出口阀门。当停某跨循环时，应当先关闭缓冲槽的该跨出口阀门，并注意集液槽的体积平衡。

（7）按生产记录项目如实认真填写生产记录，本班特殊生产情况必须向下班交代清楚，并写入记录，记录本不得乱撕乱画。

3.5 故障与处理

3.5.1 异常结晶

阴极析出物异常结晶形成的原因及其预防和处理措施如下：

阴极析出物异常结晶主要表现为阴极表面结晶呈海绵状，疏松粗糙且发黑，常呈树枝状毛刺或呈圆头粒状、瘤状的疙瘩等。主要原因及处理措施如下：

（1）适当地提高电解液中铅离子及游离硅氟酸的浓度，使铅、酸浓度成比例增减，尽量避免电解液成分剧烈波动，铅离子浓度过高会使阴极结晶粗糙，过低则阴极表面结晶呈海绵状，而且随电流密度的增大而加剧，造成阴极海绵状结晶疏松、多孔极易脱落，在一般生产中铅离子的质量浓度控制在50~120g/L为宜。当电解液中游离硅氟酸太低时，也会恶化阴极结晶条件，产生海绵状结晶。因此，生产中游离硅氟酸的质量浓度一般控制在80~120g/L。

（2）控制杂质金属的浓度，使之尽可能降低。

（3）添加剂用量。这是控制阴极结晶形态的最重要因素，加入胶质添加剂能大大改善阴极结晶状态。

（4）适当加大电解液循环量，使其达到每槽30L/min。提高电解液的循环速度要以不引起阳极泥的脱落或悬浮为原则：电解液由于重力作用，其成分易发生分层现象，造成浓差极化，因而造成电解槽下部的阴极结晶比上部粗糙。为消除这种不均匀性，必须加大电解液循环，以消除分层现象。在生产中电解液循环量每槽一般控制在20~40L/min。

（5）控制合适的电解液温度。提高电解液温度有利于阳极均匀溶解和阴极均匀析出，温度升高，会使析出铅发软，酸耗增大；电解液温度过低，使析出铅表面结晶粗糙，槽电压升高，电耗增大。因此，在生产中一般将温度控制在 35～50℃。

（6）加强管理，严格按技术操作规程进行操作

确保阴极析出铅外观质量不出现异常现象的预防措施如下：

及时观察了解析出铅的表面结晶状况，根据结晶状况，及时调整添加剂用量并注意添加剂的质量变化情况。电解技术条件如温度、电流密度等发生变化时，添加剂用量应做相应调整。了解电解液循环情况，发现电解液循环停止或循环量减少及电解液分层，应及时处理。电解液成分变化主要是电解液铅离子浓度偏低（低于 50g/L）时，易引起结晶的迅速恶化，应提高铅离子浓度。安装阴极极化电位测定装置，根据极化电位调整添加剂用量以控制阴极表面晶形。

3.5.2 电解液分层

在铅电解过程中出现析出铅长毛、发黑、发软，并伴有气泡和臭味发生，电解液循环流动不正常即为电解液分层。

造成铅电解电解液分层的原因和处理措施如下：

（1）主要原因。

流量不足；溜口堵死；半圆管堵死或下沉。

（2）处理措施。

打开溜口，掏出堵物，升起半圆管，调整好流量，然后用胶管插入半圆管内虹吸电解液，插入深度为酸液深度的三分之二以上，但不能带泥。吸出酸液的流速与进入槽内的酸液基本相等，待不用胶管时，液面平稳不从下酸口溢出酸液时即可。虹吸时应注意高度，防止放炮发生。另外，适当加大溜口酸液循环量，加快循环速度。

确保铅电解过程中电解液不分层的预防措施如下：

经常检查电解槽溜口的酸液循环量情况，发现溜口的酸液流量偏小，应及时给予调整；经常检查电解槽半圆管完好情况，发现半圆管堵死或下沉应及时给予处理。

3.5.3 电解过程阳极掉极和掉泥

正常电解生产时阳极具有一定的强度，悬挂在电解槽中参加电解，阳极泥具有一定的强度黏附在阳极表面上。

在铅电解过程中出现阳极由于强度不够终止参加电解过程，或阳极上形成的阳极泥由于强度不够掉入电解槽内的现象称为电解阳极掉极和掉泥。

3.5.3.1 阳极掉极和掉泥的原因

电解阳极掉极和掉泥的原因：阳极板的厚度不够或厚薄不均匀，电解电流密度计划不准确；阳极板中杂质含量太高；阳极板中砷、锑含量偏低，导致阳极泥附在阳极上的强度不够。

3.5.3.2 阳极掉极和掉泥的处理措施

掉入槽内的残极要及时捞出，在捞取掉极的残极时要注意堵好溜口，且让电解液沉淀

一定的时间。掉极、掉泥严重的槽，装完槽后须通电 4h 后才能打开溜口。掉泥严重，而且污染电解液严重时，可以停止电解液循环 8h 至 16h，让电解液进行沉淀。另一个方法就是对电解液进行过滤，过滤材料可用玻璃丝、木炭、锯末屑或活性炭等。

3.5.3.3　确保铅电解过程中阳极不掉极和不掉泥的预防措施

严格验收阳极物理规格质量，不合格的坚决不装槽，调整好阴、阳极的距离。控制阳极板锑含量在 0.4% ~ 1.2% 之间，可确保阳极泥的强度不掉泥。残极洗刷槽要装满二次水后才能开车刷洗，并且要洗刷干净，残极机槽每班工作完后，要将槽内的阳极泥冲洗干净，严禁使用到周期残极生产中。经常检查，发现问题及时处理。

3.5.4　电解过程中的短路和烧板

正常铅电解生产时直流电是作用于阳极铅的均匀溶解和铅在阴极的均匀沉积，槽面温度基本均匀稳定正常。

3.5.4.1　铅电解过程中短路和烧板的原因和处理措施

所谓短路就是阴阳极直接接触，该片极板比正常的温度要高很多。处理方法：提出阴极，去掉短路处毛刺、疙瘩，敲打平直再放入，同时注意不要接触阳极。

烧板分冷烧板和热烧板，冷烧板为不导电，手感温度低于正常阴极温度，提出看时周围有一黑框。处理办法：用砂纸擦亮触点即可。热烧板为接触不好、电阻大，手感温度高。处理办法：一般的用小斧子敲打阴极；严重的则需将铜棒抽出擦净再放入或更换阴极。

3.5.4.2　确保铅电解过程中不短路和不烧板的预防措施

用手摸阴极及阳极大耳，以其冷热程度来判定烧板、断路、短路，并做好记录。处理短路时，将该阴极提出，用小斧头打去短路处的疙瘩，或敲平弯曲凸角。用砂纸清擦阴极与导电棒的接触点。

处理热烧板时，用小斧头敲打阴极铜棒，使其接触良好，或将铜棒抽出，用砂纸擦亮。若阴极表面有严重疙瘩或烧板，阳极有掉极趋势等情况，要及时更换。换出的析出铅要洗净阳极泥，整齐码放在规定位置。提出的残极洗净后，送到残极槽处。换出的铜棒要放入指定位置。提出有烧板或短路的阴极时，要稳、轻、正，不要碰撞阳极，以免污染电解液。检查溜口处电解液流量，如过大或过小，要通知酸泵调节；如发现分层，必须当班处理。

3.6　铅电解精炼技术条件

3.6.1　电解液的温度

电解液的温度一般为 30 ~ 45℃。温度升高，电解液的比电阻下降，但温度过高会引起沥青槽的软化和起泡，H_2SiF_6 也会加快分解，电解液的蒸发损失也增大；温度太低，电解液电阻升高，沥青槽衬龟裂。电流通过电解液所产生的热量，可使温度达 30℃ 以上，无须加热。

3.6.2　电解液的循环

随着电解的进行，阴极附近 Pb^{2+} 浓度下降，阳极则相反，将产生浓度差极化，使槽电压升高。由于电解液中各组分密度不同，在电流作用下会发生分层现象，将引起阳极和阴极上下部分的不均匀溶解与沉积。为消除这些现象，就必须进行电解液的循环。

循环速度决定于阴极电流密度 D_K 和阳极成分，D_K 上升，电压 V 下降。阳极品位低时，也应提高循环速度，但以不引起阳极泥脱落为原则。一般更换一槽电解液需 1.5h。

3.6.3　电解液组成及成分控制

3.6.3.1　电解液的组成

电解液的组成（g/L）：Pb60～120；游离的 H_2SiF_6 60～100；总酸（SiF_6^{2-}）100～190。还含有少量的杂质及添加剂。

3.6.3.2　电解液成分的控制

电解液成分的控制主要是控制 Pb^{2+} 与游离酸的浓度及杂质含量。随着电解过程的不断进行，由于 Pb 的不断溶解，且因阴极效率低于阳极，使电解液中 Pb^{2+} 浓度逐渐上升；同时由于蒸发和机械损失，以及 H_2SiF_6 的分解，使电解液中游离硅氟酸不断减少。为保持电解液成分的均衡与稳定，确保电解指标与电铅的质量，须对电解液进行增酸脱铅的调整。增酸便是定期向电解液中补充新的硅氟酸。脱铅有以下方法：

（1）加 H_2SO_4 沉淀法。

抽出一部分电解液，在其中加入 H_2SO_4：

$$PbSiF_6 + H_2SO_4 = PbSO_4 + H_2SiF_6$$

溶液澄清后加入电解液中，$PbSO_4$ 送烧结配料或作为制颜料的原料出售。

（2）电解脱铅。阳极为石墨，阴极为铅片，通电时阴极析出铅，阳极放出氧气。此外阳极还发生以下反应：

$$2PbSiF_6 + 2H_2O = 2PbO \downarrow + Pb \downarrow + 2H_2SiF_6$$

电解脱铅还具有微弱的净液作用。

3.6.4　电流密度的选择与控制

阴极电流密度是指单位阴极板面积上通过的电流强度。通常 D_K 代表阴极电流密度，是铅电解生产中最重要的技术经济指标之一，也是影响金属沉积物结构和性质的一个主要因素。

电解槽的生产能力随 D_K 上升而增大，所以提高 D_K 能节省投资。但 D_K 过高，则单位时间析出 Pb 的电耗增大，且阴极 Pb 质量下降。

D_K 的选择是以保证阴极 Pb 质量的前提下，使生产率最大，成本最低为原则，一般 D_K 在 120～180A/m^2。若阳极含杂质高，操作日程长，宜选低 D_K，此时由于 Pb^{2+} 放电速度慢，析出晶核的长大速度等于晶核生成速度，因此可获得粗糙的阴极结晶，电效率高。

在其他条件相同时，阴极铅中 Sn、Ag、Sb、Cu 的数量随 D_K 上升而上升，同时阴极结晶变化，V 上升，浓度差极化加剧，短路次数上升，电效率下降。因此，采用高 D_K 生产欲获得高质量的电铅和低能耗，须满足下列条件：

（1）提高阳极品位（w（Pb）>98.5%），减少杂质含量，适当保持 Sb 量。

（2）增大电解液中 Pb^{2+} 和 H_2SiF_6 的浓度，增大电解液的循环速度。

（3）增大电极外形质量（缩短极距）。

（4）选择适当与适量的添加剂。

一般来说，电流密度低，产生细粒黏附阴极沉积物；电流密度高，易产生粗粒不黏附的多孔沉积物，而且阳极易钝化，同时，电流密度也决定了电解槽的生产能力。提高电流密度可以在不增加设备的条件下，提高产量，提高劳动生产率。对于新建的工厂，则可在保证同样生产能力的条件下，减少电解槽数，节约基建投资。

3.7 铅电解的主要技术经济指标

3.7.1 阴极电流密度

在冶金上，电解过程的产品主要是阴极析出物，故常用阴极电流密度作为技术指标。电流密度的计算公式为：

$$D_K = \frac{I}{S}$$

式中　D_K——电流密度，A/m^2；

　　　　I——通过电解槽的电流，A；

　　　　S——单个槽内阴极的总有效面积，m^2。

电流密度是电解生产中最重要的技术参数。根据法拉第定律，电解产物量正比于通过的电流，故而电流密度反映了电解过程的强度，直接决定电解工厂的生产率。铅电解精炼的电流密度为 160~200A/m^2。

国内某厂采用高电流密度生产增加产量的经验是：

（1）确保阳极铅品位 w（Pb）≥98.5%，并控制 0.8%≤w（Sb + As）≤1.2%，w（Cu）≤0.06%；

（2）提高电解液中铅、酸主成分浓度，其中 Pb^{2+} 80~100g/L，SiF_6^{2-}（总）140~160g/L，H_2SiF_6（游离）80~100g/L；

（3）加大电解液循环速度至每槽 32L/min；

（4）控制电解液温度 42~45℃；

（5）适当提高添加剂骨胶与 β-萘酚的配比浓度。

3.7.2 槽电压

对一个电解槽来说，为使电解反应能够进行所必须外加的电压称为槽电压，它可以用电压表测量电解槽内相邻阴、阳两极间的电压来确定。铅电解生产中槽电压随着技术条件的变化而波动在 0.35~0.55V 之间。

根据欧姆定律可知，槽电压应当是通入电解槽的电流强度与电解槽的电阻之乘积，即

$V = IR$。可见槽电压与电流强度或电流密度成正比，也与槽的电阻成正比。输入电流的大小是根据产量决定的。通过调整电流降低槽电压显然是没有意义的。降低槽电压必须降低电解系统的电阻，它是由导体电阻、导体与电极接触点的电阻、电解液电阻、泥层与浓差极化电阻组成。某厂铅电解槽电压的分布实例如表 3-1 所示。从表可见，导体电阻和接触点电阻都比较小，不到总电阻的 15%，可降低的潜力较小；电解液电阻约占 62%，泥层与浓差极化电阻约占 25%，而电解液电阻受电解液含游离酸影响较大，其影响关系如图3-4所示。

表 3-1　某厂铅电解槽电压的分布实例

各种电位名称	电压/V	所占百分比/%	电解条件
电解液	0.2857	62.11	电解液成分（g/L）：Pb^{2+} 86.65
各接触点	0.0402	8.74	总酸 155.08
导体	0.0228	4.96	极距：80mm
阳极泥层与浓差极化（差数）	0.1113	24.19	电流密度：150 ~ 160A/m²
合计	0.46	100.00	

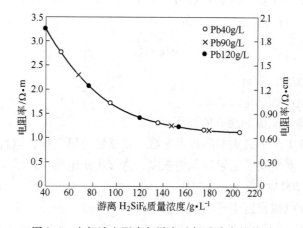

图 3-4　电解液电阻率与游离硅氟酸浓度的关系

　　由图 3-4 可见，控制电解液游离酸质量浓度为 80 ~ 100g/L，其电阻较小，而继续提高游离酸浓度对电解液电阻影响不大，但酸的分解损失增大。

　　电解液中有机物的积累对电解液电阻的影响也较大，因此在保持析出铅有良好结晶的条件下，要尽可能少加添加剂，尤其要尽量减少胶的用量。在总硅氟酸和 Pb^{2+} 浓度相同时，含氨基乙酸达到55g/L的老电解液比电阻是新电解液比电阻的 1.8 倍，这是添加剂长期积累导致氨基乙酸浓度逐渐升高的结果。因此欲降低槽电压，首先是保持电解液有良好的导电性。

　　随着电解过程的进行，阳极泥层逐渐变厚，泥层电阻与浓差极化均相应增大，所以槽电压随送电时间的延长是逐渐升高，一般要升高 20% ~ 30%。因此，应当根据阳极质量、电流密度、操作制度等电解条件，合理确定阳极周期。

　　可见保持较高的阳极品位、尽可能地减少阳极泥层厚度，对降低槽电压具有重要作用。

3.7.3 电流效率

电解过程中阴极上实际析出的金属量与理论析出量之比的百分数为电流效率。理论析出量是按法拉第定律计算出来的，因此电流效率的计算公式为：

$$\eta = \frac{G}{qItN} \times 100\%$$

式中　　t——电解通电时间，h；

　　　　G——通电时间内 N 个电解槽的阴极实际析出量，g；

　　　　I——通过电解槽的电流强度，A；

　　　　N——电解槽个数，个；

　　　　q——电化当量，g/（A·h），铅的电化当量为 3.867g/（A·h）。

从上式可见，电流效率实际上是表示电解过程对法拉第定律偏差程度的一种量度。

例：某炼铅厂电解车间有生产槽 224 个，电流强度为 6000A，阴极周期 3d，实际产出析出铅 356t，求电流效率。

解：已知 $G = 356 \times 10^6$ g，$I = 6000$A，$N = 224$ 个，$t = 3 \times 24$h，$q = 3.867$g/（A·h）

计算得 $\eta = \dfrac{356 \times 10^6}{3.867 \times 6000 \times 3 \times 24 \times 224} \times 100\% = 95.1\%$

在工业生产上，实际的析出产量总是低于理论析出量。铅电解电流效率一般为 93% ~ 96%。电流效率低于 100% 的主要原因有：

（1）短路：由于极板放置不正，阴、阳极掉落到槽底以及阴极上长粒子而引起阴、阳极短路。

（2）漏电：由于电解槽与电解槽之间、电解槽与地面、导电板电路系统以及溶液循环系统等绝缘不良而使电流流入大地，造成漏电。

（3）副反应：氢离子在阴极上放电析出；铁离子分别在阴、阳极上不断地进行还原-氧化反应（$Fe^{3+} + e \longrightarrow Fe^{2+}$），无效地消耗电流。

（4）化学溶解：由于电解液温度、游离酸和铅离子浓度等技术条件控制不当而造成析出铅反溶。

3.7.4 电能消耗

电能消耗是指电解过程中阴极析出单位重量金属所消耗掉的电能量。通常用产出 1t 阴极金属所消耗的直流电能表示，也称直流电耗。如前所述，析出金属的实际产量（G）= 理论析出量（qIt）×电流效率（η）。假设 W 为单位电能消耗量，其计算式为：

$$W = \frac{IVt}{qIt\eta} = \frac{V}{q\eta} \times 10^3$$

式中　　W——电能消耗，kW·h/t；

　　　　V——槽电压，V；

　　　　η——电流效率，%；

　　　　q——电化当量，g/（A·h）。

在上面的例题中，该炼铅厂电解车间电流效率为 95.1%，又测得其槽电压为 0.45V，那么 1t 析出铅的电能消耗为：

$$W = \frac{0.45 \times 10^3}{3.867 \times 0.951} = 122 \text{kW} \cdot \text{h}$$

铅电解精炼的电能消耗一般每吨铅为 $100 \sim 150 \text{kW} \cdot \text{h}$。表 3-2 列出了国内外几家工厂铅电解电流密度、槽电压、电流效率与电能消耗的指标数据。

表 3-2　铅电解厂的电流密度、槽电压、电流效率与电能消耗

项　目	株洲冶炼厂	水口山三厂	韶关冶炼厂	豫光金铅公司	特累尔（加拿大）	阿罗依（秘鲁）	温山厂（韩国）	神冈厂（日本）
电流密度/A·m⁻²	$170 \sim 200$	$145 \sim 150$	190	$130 \sim 180$	$178 \sim 192$	134	$145 \sim 170$	136
电流效率/%	$93 \sim 96$	$92 \sim 95$	95.52	$92 \sim 98$	92	90.2	94	95
槽电压/V	$0.43 \sim 0.56$	$0.39 \sim 0.42$	$0.36 \sim 0.43$	$0.38 \sim 0.42$	$0.45 \sim 0.5$	$0.5 \sim 0.7$	$0.5 \sim 0.7$	$0.4 \sim 0.6$
吨铅的直流电耗/kW·h	$120 \sim 150$	$110 \sim 115$	160	143	120	190	175	155

电能消耗与槽电压成正比，与电流效率成反比。因此，凡有利于降低槽电压、提高电流效率的因素，均能起到降低电能消耗的作用。

复习思考题

3-1　铅电解的目的和原理是什么？

3-2　铅电解使用的设备主要有哪些？

3-3　画出铅电解工艺流程图。

3-4　铅电解正常操作有哪些具体内容？

3-5　铅电解生产过程中故障如何判断及处理？

3-6　铅电解精炼的主要技术经济指标有哪些？

4 锌电解沉积技术

锌的电解沉积是湿法炼锌的最后一个工序，是用电解沉积的方法从硫酸锌水溶液中提取纯金属锌的过程。

将已净化的溶液（$ZnSO_4 + H_2SO_4$）连续不断地从电解槽进液端送入电解槽中，以 Pb – Ag 合金板（含 Ag1%）作阳极，压延铝板作阴极。通以直流电，阳极上放出 O_2，阴极上析出金属锌。

随着过程的不断进行，电解液中的锌含量不断减少，而 H_2SO_4 不断增加，这种电解液称废电解液。它不断从电解槽出液端溢出。送浸出工序，阴极上的析出锌隔一定周期（24h）取出。锌片剥下后送熔化铸锭成为成品，阴极铝板经清刷处理后再装入槽中继续进行电积。

$$Zn^{2+}（电解液）\longrightarrow Zn（阴极锌）$$

4.1 锌电解沉积原理

4.1.1 锌电解过程的电极反应

4.1.1.1 阳极反应（氧化反应）

（1）在阳极上可能发生下列反应：

正常电解时阳极反应为：

$$2H_2O - 4e \Longrightarrow O_2 + 4H^+，\quad \varphi = 1.229V$$

而

$$Pb - 2e \Longrightarrow Pb^{2+}，\quad \varphi = -0.126V$$

电位更负，更易溶解。溶解的 Pb^{2+} 与 SO_4^{2-} 反应，在阳极表面形成致密的保护膜，阻止铅板继续溶解，而且会升高阳极电位。当阳极电位接近 0.65V 时，会有下列反应发生：

$$Pb + 2H_2O - 4e \Longrightarrow PbO_2 + 4H^+，\quad \varphi = 0.655V$$

这样为被覆盖的铅会直接生成 PbO_2，形成更致密的保护层。

当电位超过 1.45V 时，溶液中的 Pb^{2+} 和 $PbSO_4$ 也会氧化成 PbO_2。

$$Pb^{2+} + 2H_2O - 2e \Longrightarrow PbO_2 + 4H^+，\quad \varphi = 1.45V$$

$$PbSO_4 + 2H_2O - 2e \Longrightarrow PbO_2 + H_2SO_4 + 2H^+，\quad \varphi = 1.68V$$

在正常电解时，阳极电位达到 1.9 ~ 2.0V 左右，阳极表面主要覆盖物为 PbO_2，所以电解过程中阳极反应主要是分解水放出氧气。除此之外，如果电解液中有 Mn^{2+}、Cl^- 等离子时，会发生下列反应：

$$Mn^{2+} + 2H_2O - 2e \Longrightarrow MnO_2 + 4H^+，\quad \varphi = 1.25V$$

$$Mn^{2+} + 4H_2O - 5e \Longrightarrow MnO_4^- + 8H^+，\quad \varphi = 1.50V$$

$$MnO_2 + 2H_2O - 3e \Longrightarrow MnO_4^- + 4H^+，\quad \varphi = 1.71V$$

$$2Cl^- - 2e = Cl_2 \uparrow, \quad \varphi = 1.35V$$

$$Cl^- + 4H_2O - 2e = ClO_4^- + 8H^+, \quad \varphi = 1.39V$$

当氯离子存在时，析出的氯气会使阳极腐蚀，污染车间。

（2）阳极主反应。

由上面分析可知，工业生产大都采用含银 0.5% ~1% 的铅银合金板作不溶阳极，因为有电位差和超电位存在，当通直流电后，在锌电解沉积过程的实际条件下，阳极主反应为氧的析出：

$$2H_2O - 4e = O_2 + 4H^+, \quad \varphi \ (O/H_2O) = 1.229V$$

4.1.1.2 阴极反应（还原反应）

（1）在阴极上可能发生的反应：

$$Zn^{2+} + 2e = Zn, \quad \varphi \ (Zn^{2+}/Zn) \ = -0.763V$$

$$2H^+ + 2e = H_2, \quad \varphi \ (H^+/H_2) \ = 0V$$

$$Me^{2+} + 2e = Me, \quad \varphi \ (Me/Me^{2+}) \ > 0.34V$$

（2）阴极主反应。

由上面分析可知，因为有电位差和超电位存在以及杂质金属离子（铜、镉、钴等）浓度控制在规定浓度以下（未达到放电析出条件，电位较低），在锌电解沉积过程的实际条件下，阴极主反应为：

$$Zn^{2+} + 2e = Zn \ （阴极锌析出）$$

综上所述，在锌电解沉积过程中，两极上的主要反应是在阳极上氧的析出和锌离子在阴极上的析出。

4.1.2 锌和氢在阴极上的析出

Zn^{2+} 与 H^+ 哪一个优先放电，由以下三个因素决定：

（1）它们在电位序中的相对位置，电位较正的离子优先放电；

（2）它们在溶液中的离子浓度，浓度越大越易放电析出；

（3）与阴极材料有关，即决定于它们在阴极上超电位的大小，超电位愈大愈易放电，这是主要因素。

因 $\varphi_{Zn}^{\ominus} \ (Zn) \ = -0.763V$、$\varphi_{H}^{\ominus} \ (H) \ = 0V$，而两者在溶液中的浓度以 H^+ 更高，因此应是 H^+ 优先放电，但由于 H^+ 在阴极铝板上析出的超电位很大，使得 H^+ 的实际析出电位比锌更负，因锌在铝板上的超电位很小，因此，Zn^{2+} 将优于 H^+ 在阴极放电析出。

氢的超电压 η_{H_2} 及其影响因素如下：

氢的超电压遵从塔费尔公式：

$$\eta_{H_2} = a + b \lg D_K$$

式中 a——常数，随阴极材料及表面状况、溶液组成、温度而变；

       b——常数，$b = \dfrac{2 \times 2.3RT}{F}$，即随温度而变；

       D_K——阴极电流密度，A/m^2。

可见，η_{H_2} 与下列因素有关：

（1）金属材料：当 $D_K = 400 A/m^2$ 时，氢在不同材料中的超电压如下：

阴极材料	Cd	Pb	Al	Zn	Ni	Ag	Cu	Fe	Pt
η_{H_2}/V	1.211	1.168	0.968	0.926	0.89	0.837	0.70	0.7	0.186

其中 Cd、Pb、Al、Zn 为高超电压金属。

（2）电流密度 D_K：D_K 增加，则 η_{H_2} 上升。

（3）温度：温度升高，a 值降低，b 值增加，但 a 值起主要作用，因此 η_{H_2} 下降。

（4）电解液组成：因 $[Zn^{2+}]$ 是一定的，因此主要是杂质的影响，杂质在阴极的沉积会改变阴极材料，降低 η_{H_2}。

（5）阴极表面状况：表面粗糙，面积增加，则 D_K 减小，η_{H_2} 下降，因此，希望阴极表面光滑平整。

（6）添加剂量：适量的添加剂可改变阴极状况，使阴极表面光滑，则 η_{H_2} 增加，但过量反而使 η_{H_2} 下降。

在生产中，为了不使氢离子在阴极放电析出，保证高的电流效率，总是要求有尽可能大的 η_{H_2}，所以能增大 η_{H_2} 的措施，都能相应地提高电效。

4.1.3　杂质在电解过程中的行为

电解液中存在的杂质，将根据它们各自电位的大小及电积条件的不同，在阴极或阳极放电，现将常见的杂质分两大类讨论。

4.1.3.1　电位比锌更正的杂质

（1）Fe：$Fe_2(SO_4)_3$ 即 Fe^{3+}，它与阴极锌反应，使锌反溶：
$$Fe_2(SO_4)_3 + Zn =\!=\!= 2FeSO_4 + ZnSO_4$$
生成的 $FeSO_4$ 在阳极又被氧化：
$$4FeSO_4 + 2H_2SO_4 + O_2 =\!=\!= 2Fe_2(SO_4)_3 + 2H_2O$$
可见，溶液中的铁离子反复在阴极上还原又氧化，这样白白消耗电能，降低了电效。当溶液温度升高时，有利于上述各个反应发生，因此，要求溶液中铁的质量浓度低于 20mg/L。

（2）Co、Ni、Cu：Co^{2+}、Ni^{2+}、Cu^{2+} 对电积过程危害较大，它们在阴极析出后与锌形成微电池，造成锌的反溶（即烧板），从而降低电效。其烧板特征分别为：

Co：由背面往正面烧，背面有独立的小圆孔。当溶液中 Sb、Ge 含量高时，会加剧 Co 的危害作用，而当 Sb、Ge 及其他杂质含量较低时，存在适量的钴对降低阴极含铅有利，要求钴的质量浓度低于 3mg/L；

Ni：由正面往背面烧，正面呈葫芦形孔，要求镍的质量浓度低于 2mg/L；

Cu：由正面往背面烧，呈圆形透孔，要求铜的质量浓度低于 0.5mg/L。

（3）As、Sb、Ge：As^{3+}、Sb^{3+}、Ge^{4+} 这类杂质对电解过程危害最大，它们在阴极析出时产生烧板现象，而且能生成氢化物，并发生氢化物的生成与溶解的循环反应，两种作用合起来使电效急剧降低。

Sb：锑在阴极析出后，因氢在其上的 η_{H_2} 较小，因而在该处析出的氢使锌反溶，同时形成锑化氢（SbH_3），此 SbH_3 又被电解液还原，析出氢气，即

$$SbH_3 + 3H^+ \rightleftharpoons Sb^{3+} + 3H_2$$

锑的烧板特征是表面为粒状，且阴极锌疏松发黑，可见，它不仅严重降低电效，还严重影响锌的物理质量。当溶液温度升高，且酸度增加时，其危害性加大。要求锑的质量浓度低于 0.1mg/L。

Ge：烧板特征是由背面往正面烧，为黑色圆环，严重时形成大面积针状小孔，并伴随如下循环反应：

$$Ge^{4+} + 4e \rightleftharpoons Ge$$
$$Ge + 2H_2 \rightleftharpoons GeH_4 （锗甲烷）$$
$$GeH_4 + 4H^+ \rightleftharpoons Ge^{4+} + 4H_2$$

要求溶液中锗的质量浓度小于 0.04mg/L。

As：其危害作用小于 Sb、Ge，其烧板特征是表面为条沟状，且生成的 AsH_3 不被分解而逸出，要求砷的质量浓度小于 0.1mg/L。

（4）Pd、Cd：Pb^{2+}、Cd^{2+} 都能在阴极放电析出，但因氢在这两者上的超电压很大，故不会形成 Cd（Pb）–Zn 微电池，也就不会使锌反溶，所以它们不影响电效，只影响阴极锌的化学质量，要求镉的质量浓度低于 5mg/L，铅的质量浓度低于 2mg/L。

4.1.3.2　电位比锌更负的杂质

（1）K、Na、Mg、Ca、Al、Mn。因它们不会在阴极放电析出，因而对电锌质量无影响，但它们会使电解液黏度增加，会增大电解液的电阻，使电能消耗略有增加，因而也略降低电效，且当钙含量较多时，易形成硫酸钙与硫酸锌结晶，堵塞输液管道。

（2）Cl：Cl^- 会腐蚀阴极，使 $Pb \rightarrow Pb^{2+}$ 进入溶液，从而影响阴极锌质量，要求 Cl^- 的质量浓度低于 100mg/L。

（3）F：F^- 会腐蚀阴极的 Al_2O_3 膜，使锌在铝板上析出后形成 Zn – Al 合金，造成剥锌困难，同时也造成铝板消耗增加，要求 F^- 的质量浓度低于 50mg/L。

4.2　锌电解工艺流程

锌电解沉积通常包括阳极制作、阴极制作、电解、净液等工序，其生产流程如图4-1所示。

4.3　锌电解沉积设备

在锌电解车间，通常设有几百个甚至上千个电解槽，每一个直流电源串联其中的若干个电解槽成为一个系统。所有的电解槽中的电解液必须不断循环，使电解槽内的电解液成分均匀。在电解液循环系统中，通常设有加热装置，以将电解液加热到一定的温度。此外，还有变电、整流设备，起重运输设备，极板制作和整理设备及其他辅助设备。

4.3.1　电解槽

电解槽是电解车间的主体设备，为一长方形槽，其长度由生产规模、极间距决定，一

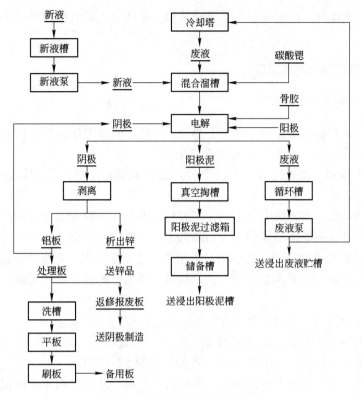

图 4-1　锌电解沉积工艺流程

般长为 1.5 ~ 3m，宽 0.9 ~ 1m，宽度和深度应保证电解液的正常循环，出液端有溢流堰和溢流口。

电解槽采用软聚氯乙烯塑料衬里的钢筋混凝土槽，并放置在经过防腐处理的钢筋混凝土梁上，槽与梁之间垫以绝缘的瓷砖，槽与槽之间有 15 ~ 20mm 的绝缘缝。

电解槽的配置采用水平式，将所有串联槽配置在同一水平位置上。

电解槽中依次更迭地吊挂着阳极和阴极。电解槽内附设有供液管、排液管（斗）、出液斗的液面调节堰板等。槽体底部常做成由一端向另一端或由两端向中央倾斜，倾斜度大约 3%，最低处开设排泥孔，较高处有清槽用的放液孔。放液排泥孔配有耐酸陶瓷或嵌有橡胶圈的硬铅制作的塞子，防止漏液。此外，在钢筋混凝土槽体底部还开设检漏孔，以观察内衬是否被破坏。用钢筋混凝土构筑的典型电解槽结构如图 1-4 所示。

4.3.2　阴极

阴极由纯铝板制成，厚 2.5 ~ 5mm，由极板、导电棒（硬铝制）、导电片（铜片、铝片）、提环（钢制）和绝缘边（聚乙烯塑料条粘压）组成。

通常阴极的长和宽较阳极大 20 ~ 30mm，这是为了减少在阴极边缘形成树枝状沉积。

4.3.3　电解槽的供电设备

在一个供电系统中，槽与槽之间是串联电路，而每个电解槽内的阴、阳极则构成并联电路。

供电设备为整流器，由于硅整流器具有整流效率高、无毒、操作维护方便等优点，因此广泛被采用。

4.3.4　极板作业机组及其他设备

4.3.4.1　电解液的冷却设备

电积过程中，在直流电作用下产生电热效应，使电解液温度升高，因此，必须对其进行冷却，使其温度在 35～45℃，以确保正常生产。

（1）蛇形管冷却：将蛇形管（铅或铝制）放在电解槽的进液管端，管内通冷却水循环，以达冷却的目的。

缺点：受地区限制大，如南方炎热，水温高，不能保证冷却温度；因是间接传热，冷却效率低；蛇形管占用电解槽体积，因而降低了电解槽的生产率。

（2）空气冷却塔集中冷却：电解液从上至下通过一个塔内，在塔的下部强制鼓风，冷风与电解液逆向运动，达到蒸发水分、带走热量、降低电解液温度的目的。这是目前较常用的冷却方法。

缺点：动力消耗大，受地区季节和空气湿度的限制。

（3）真空蒸发冷却：在真空蒸发冷冻机内进行，电解液从高位槽进入第一效蒸发器，再经第二效、第三效排出，使电解液温度从 45℃降至 29～35℃。

原理：液体在真空条件下水分蒸发，吸收蒸发潜热，从而降低了液体温度，并缩小了液体体积。

优点：不受地区和季节的限制，能保证电解液的冷却温度。

如前所述，采用（2）、（3）冷却电解液，可缩小液体体积，这对稳定整个湿法系统的体积平衡很有作用。由于冷却过程蒸发了一部分水分，这就可以增多浸出渣的洗涤用水，因而提高锌的回收率。但是由于电解液水分蒸发，体积缩小，温度下降，使溶液中硫酸钙浓度增大，并易以结晶方式析出，粘于管道、溜槽和蒸发器上，且逐渐加厚，妨碍电解液的循环，特别是水质含钙、镁高时尤甚，必须定期清理。

4.3.4.2　电解液循环系统设备

电解生产过程中，电解液必须不断地循环流通。在循环流通时：一是补充热量，以维持电解液具有必要的温度；二是滤除电解液中所含的悬浮物，以保持电解液具有生产高质量阴极锌所需的清洁度。

循环系统的主要设备有循环液贮槽、高位槽、供液管道、换热器和过滤设备等。

4.4　锌电解沉积操作

4.4.1　阳极制作

启动吊车，将电铅或废阳极（废阳极上的阳极泥和塑料夹应除去）吊入熔化锅内熔化，用铁钩捞出铁皮及铜棒。铁皮送至废品库，铜棒送至酸洗房待酸洗；按配比规定加入废阳极和铅锭，待进满料后，升温至 600℃，加入适量的氯化铵充分搅拌，然后捞出浮渣，倒入渣斗；按阳极成分配比要求加入其他的元素，使之生成合金。

启动设备生产阳极，把阳极吊出后进行焊补或其他处理；检查阳极板是否达到质量要求，合格后整齐堆码；将铜棒放进洗槽用硝酸酸洗干净后将铜棒擦干、摆好，经平整后备用。阳极制造工艺流程如图 4-2 所示。

注意事项：

（1）注意铅水、硝酸烫伤，工作时戴好防护罩。

（2）阳极模使用中应注意错位和所铸阳极板超重现象。

4.4.2 阴极制作

阴极板为纯铝（$w(\text{Al}) > 99.7\%$）板，板面平整光亮、无夹渣、无裂纹，在 5% ~ 10% 硫酸锌电解废液中浸泡 24h 无明显缺陷的压延板，上部熔铸、焊接铝质导电棒及挂耳或吊环，两边夹以高压聚乙烯特制异形条。

铸阴极横梁时，铝水温度为 800 ~ 900℃。粘边时阴极板预热箱温度为 350 ~ 400℃，预热时间为 30min；塑料条预热温度为 100 ~ 150℃；模压定形时间大于 8 min。阴极制造工艺流程如图 4-2 所示。

注意事项：

焊接阴极所用的氧气、乙炔具有易燃、易爆、禁油的特性，使用时应根据这些特性做好防护，如氧气瓶冬季冻结只能用热水解冻、氧气与乙炔不能混合存放等。

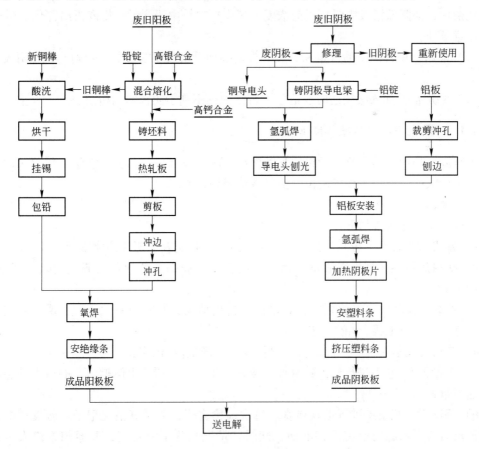

图 4-2 阴、阳极制造工艺流程

4.4.3　电解液循环操作

4.4.3.1　电解液成分控制

A　电解液的主要成分与质量要求

锌电解液的主要成分是硫酸锌、硫酸和水，此外还存在微量杂质金属的硫酸盐以及部分阴离子；电解液是由新液和电解废液按一定的比例混合而成。

锌电解液的质量要求：电解新液主要成分（g/L），Zn 130~180；锌电解废液成分（g/L），Zn 40~60、H_2SO_4 110~200。

B　电解添加剂的种类与作用

酒石酸锑钾：分子式为 $KSbC_4H_4O_7$，俗称吐酒石，工业纯。电解时添加吐酒石能使析出的锌易于剥离。

骨胶：茶褐色，半透明固体，片状，无结块及其他杂物。在酸性溶液中带正电荷，电解时，经直流电作用移向阴极，并吸附在电流密度高的点上，阻止了晶核的成长迫使放电离子形成新晶核，使析出锌表面平整、光滑、致密。

碳酸锶：碳酸锶含量不低于95%，白色、无臭、无味、粉末、不溶于水，无严重结块及其他杂物，能降低溶液中铅离子的浓度，减少析出锌中铅含量，提高析出锌化学质量。

注意事项：

（1）电解液中锌离子的含量和硫酸的含量必须严格按要求控制，否则不利于阴极锌的析出。

（2）添加剂的加入必须适时、适量，否则同样不利于阴极锌的析出。

4.4.3.2　电解液循环操作岗位

电解液循环操作的岗位一般包括密度岗位、废液泵岗位、总流量岗位、化验岗位、新液泵岗位、锰矿浆岗位、掏槽岗位、空气冷却塔岗位等。

（1）密度岗位。

密度岗位操作规程如下：

1）接班时先查看上班原始记录，仔细了解生产情况及本班应注意事项。

2）接班后应逐槽列检查流量，确保下液管循环通畅，各列各槽流量均匀，杜绝跑、冒、滴、漏。

3）按技术条件控制好流量，检查槽温、析出情况，及时做好记录。发现偏差应及时向班长等有关人员汇报，并做出相应调整。

4）晚班在凌晨一点、三点取析出锌代表样，观察析出情况。

5）出槽前2h左右进行析出锌取样，按每个生产班组所管电解槽生产的析出锌组成一批，送质量检验。

6）每班对工艺设备进行巡视检查。每次巡检完毕，要做好情况记录。若发现电解槽严重漏液时应采取临时措施保持液面，同时将情况报告上级部门，并通知维修人员进行修补。

（2）废液泵岗位。

废液泵岗位操作规程如下：

1）仔细查看交班记录，详细了解生产情况和必须注意的事项，认真检查每台设备运行情况和备用设备的完好情况，检查工具、材料是否齐备、完好，本岗位处理不了的问题，应报告班长或者维修人员处理。

2）与相关岗位联系，确定启动泵号，按设备操作规程检查泵、管道等设备是否完好，同时通知流量岗位注意流量变化，防止跑液。

3）对泵房污水、废水池的污水按要求及时回收。

4）下班前打扫卫生，清理工具，及时填写记录，进行设备维护、润滑保养。

（3）总流量岗位。

总流量岗位操作规程如下：

1）班前认真查阅上班记录，了解生产情况并向本班各岗位交代清楚，凡需要维修设备故障，当班人员应及时与有关维修人员或管理部门联系登记或汇报。

2）接班后详细检查总流量及其分配情况，注意废液罐、新液罐等的体积变化，防止跑液、冒液，防止新液罐底渣进入电解槽。

3）认真执行巡检制度，控制总流量充足、稳定、均衡，当需要进行总流量调整的应通知有关岗位。

4）根据化验结果控制废液酸、锌含量及废液酸、锌比在技术条件控制范围内，如遇生产不正常而达不到规定要求时，应及时报告上级部门。

5）接班半小时内取新液样酸化后送分析测试中心，取样器内余液倒回新液溜槽，放置好取样器。注意观察新液质量，发现新液有异常情况，应立即报告上级部门。

6）及时从分析测试中心取回新液化验单和取样筒，将结果填写在原始记录上，如某元素不合格，应立即报告上级部门。

7）下班前认真填写交接班记录并向上级部门汇报本班生产情况。

（4）化验、新液泵岗位。

化验、新液泵岗位操作规程如下：

1）查看上班记录，了解生产情况及当班注意事项，检查化验仪器、用具、试剂是否完好、齐备，检查新液泵的运作和备用泵的完好情况。

2）每班对混合液及各系列废液采样，化验酸、锌成分四次，用中和容量法测定硫酸、EDTA 容量法测定锌量，每次化验结果及时通知总流量岗位，并填写化验记录，发现问题，分析原因，提出处理意见，每次化验完毕应洗净所有器皿，摆放整齐，填写记录，向班长报告异常情况。

3）交班前维护好本岗位所管的设备、仪器、用具，打扫现场卫生，填写原始记录。

（5）锰矿浆岗位。

锰矿浆岗位操作规程如下：

1）班前查看上班记录，了解生产情况，逐一检查每台设备是否完好。

2）将料仓装足二氧化锰和碳酸锰，倒二氧化锰和碳酸锰时应注意捡出破布、砖块等杂物，以免损坏圆盘给料机。

3）按要求停、送锰矿浆。

4）早、中班负责接收二氧化锰、碳酸锰和阳极泥，接收二氧化锰、碳酸锰时须督促送料单位将二氧化锰、碳酸锰分别堆放厂房内，以免雨水淋湿结块。

5）工作完毕及时打扫现场卫生，填写原始记录。

（6）掏槽岗位。

掏槽岗位操作规程如下：

1）掏槽前向总流量岗位了解生产情况，报告准备所掏列数，如情况不宜掏槽，应向生产调度报告，请示是否停掏。

2）掏槽前检查各自使用的工具、设备是否完好，并做好相关的准备工作。通知密度岗位适当加大掏槽列的流量，与锰矿浆岗位联系好送液时间。

3）吊出槽内小于1/3的阴、阳极板，再用水将槽间板冲洗干净后，即可开始抽液。掏槽操作，必须始终保持槽内液面高度在2/3以上。槽内阳极泥应掏干净，所有其他杂物应取出，送往指定堆放地点，同时应保护电解槽，防止损坏。

4）当清理完毕一个电解槽时应检查电解槽有无损坏，及时做好记录。灌液时不能冒槽，每槽掏完后装好极板，检查导电情况，调整错牙，调匀极距。

5）掏槽将结束时，提前两槽的时间通知密度岗位恢复正常流量，防止冒槽。当掏槽全部结束后即收拾工具，打扫现场卫生，填写原始记录，并汇报掏槽情况与所掏的列、槽数。

（7）空气冷却塔岗位。

空气冷却塔岗位操作规程如下：

1）开车前检查塔体、捕液装置、进液和淋液装置、结晶清理孔是否完好；风机、电机、地脚螺丝等紧固件是否牢固可靠；电机地线、风机、减速机护罩等安全装置是否完好；转动部分是否有障碍物，可用手转动风机叶片1～2转；风机护网是否完好。

2）与相关岗位联系，按要求开、停车，每隔两小时记录一次各塔出液温度和电机电流。经常检查设备运行情况，发现风机响声异常或其他故障时应立即停车检查处理。

3）按时按量添加碳酸锶，倒入碳酸锶时应先停搅拌机，倒完后及时捞出杂物，调整好水量，然后启动搅拌机。

4）下班前认真填写有关记录，并向流量岗位汇报本岗位设备运行情况。

电解的主要技术条件：

　　　槽温：38～42℃

　　　流量：均匀、稳定

　　　槽电压：3.2～3.6V

　　　电流密度：300～600 A/m^2

　　　析出周期：24 h

注意事项：

（1）技术条件控制中，要根据不同的电流密度情况，调整电解液中酸、锌含量以及槽温。

（2）酸、锌比的化验作为技术条件的重要参考依据，必须化验准确。

4.4.3.3　电解液净化操作

湿法炼锌在中性浸出过程中，铁、砷、锑、锗等杂质大部分通过中和水解作用从溶液中除去，但仍残留铜、镉、镍及少量砷、锑、锗等杂质。这些杂质的存在不符合锌电积的要求，将显著降低电积电流效率与电锌质量，增大电能消耗，对锌电积是极为有害的，故必须进行净化，一方面除去有害杂质，提高硫酸锌溶液的质量；另一方面有利于有价金属的综合回收。

硫酸锌溶液的主要杂质分为两类。第一类：铁、砷、锑、锗、铝、硅酸；第二类：铜、镉、钴、镍。

对于第一类杂质，在中性浸出过程中，控制好矿浆的 pH 值即可大部分除去。

对于第二类杂质则需向溶液中加入锌粉并加入 Sb 盐、As 盐等添加剂，使之发生置换反应沉淀除去，或者向溶液中加入特殊试剂，如黄药使之生成难溶性化合物沉淀除去。

世界各国湿法炼锌厂硫酸锌溶液净化大多采用砷盐法和反向锑盐法，以达到深度净化的目的。

硫酸锌的中性上清液经过净化后所得到的产物，即净化后液，其质量标准为（g/L）：

Zn 130~180，Cu≤0.0002，Cd≤0.0015，Fe≤0.03，Ni≤0.001，Co≤0.001，As≤0.00024，Sb≤0.0003，Ge≤0.05，F≤0.05，Cl≤0.2。

溶液呈透明状，不混浊，不含悬浮物。

铜镉渣（%）：Cd>5，Cu≥1.5，Zn<50，无杂物，无夹渣。

硫酸锌溶液净化的几种代表方法如表 4-1 所示。

表 4-1 硫酸锌溶液净化的几种代表方法

流程类别	一段净化	二段净化	三段净化	四段净化	工厂举例
黄药净化法	加锌粉除 Cu、Cd，得 Cu–Cd 渣，送提 Cd 并回收 Cu	加黄药除 Co，得 Co 渣，送去提 Co			株洲冶炼厂
锑盐净化法	加锌粉除 Cu、Cd，得 Cu–Cd 渣，送回收 Cd、Cu	加锌粉和 Sb_2O_3 除 Co，得 Co 渣，送回收 Co	加锌粉除 Cd		西北冶炼厂 Clarksville 厂（美）
砷盐净化法	加锌粉和 As_2O_3 除 Cu、Co、Ni，得 Cu 渣回收	加锌粉除 Cd，得 Cd 渣，送提 Cd	加锌粉除 Cd，得 Cd 渣，返回二段	再进行二次锌粉除 Cd	神冈厂（日） 秋田厂（日） 沈阳冶炼厂
β-萘酚法	加锌粉除 Cu、Cd，得 Cu–Cd 渣，送提 Cd 并回收 Cu	加亚硝基-β-萘酚法除 Co，得 Co 渣，送回收 Co	加锌粉除 Cd，得 Cd 渣	活性炭吸附有机物	安中厂（日） 彦岛厂（日）
合金锌粉法	加 Zn–Pb–Sb 合金锌粉除 Cu、Cd、Co	加锌粉除 Cd	加锌粉溶 Cd		柳州锌品厂

注意事项：

（1）电解液净化方法有很多种，需重点掌握的是黄药净化法和锑盐净化法。

（2）硫酸锌溶液中杂质的存在对锌电积非常有害，因此，净化后液必须达到质量标准。

4.4.4 出装槽

4.4.4.1 阴极、阳极的处理及物化要求

（1）阴极的处理。

新阴极应先平整后经咬槽、热水浸泡除去表面油污，再通过刷板处理，拧紧导电片螺丝，以备出装槽使用。

带锌阴极在剥离析出锌时，表面常有剥不下的析出锌，必须铲掉板面的析出锌，平直板棒。遇到个别铲不下的带锌阴极，放入咬槽处理。

对于不能继续使用的废阴极，必须卸掉导电头和阴极上的附着物，然后送阴、阳极制造工序回收。

（2）阳极的处理。

阳极的处理如下：

1）上新阳极。将新阳极片放在专用平板台上进行平整后，两边套上绝缘塑料夹待用。

2）平阳极板。对弯棒、塌腰、露铜、鼓泡、接触、穿孔的阳极板进行平整，要求铲净阳极泥，平直板棒。更换孔洞直径大于40mm或露铜严重的阳极。

3）废弃阳极。对生产中不能用的阳极，铲净阳极泥，卸下绝缘塑料夹，分类集中堆放，转运至阳极班重新浇铸。

（3）阳极化学成分与物理规格。

化学成分：Pb-Ag二元合金银含量一般为0.5%~1%，其余为Pb。多元合金各厂的情况有异。

物理规格：无飞边毛刺，不露铜，无缺陷，焊补平整。

（4）阴极化学成分与物理规格。

化学成分：

由纯铝板（铝含量不低于99.7%）制成，厚2.5~5mm，由极板、导电棒（硬铝制）、导电片（铜片、铝片）、提环（钢制）和绝缘边（聚乙烯塑料条粘压）组成。

尺寸要求各厂根据自己的情况而定。

物理规格：

1）导电棒无裂缝、无飞边毛刺，浇口平整、螺孔完整；吊环、挂耳无裂纹及缺陷。

2）板、棒及挂耳或吊环须平整、垂直，焊缝表面无夹渣及残留焊药。

3）塑料边整齐，无流淌、错位现象，底端与板齐平。

通常阴极的长和宽较阳极大20~30mm，这是为了减少在阴极边缘形成树枝状沉积。

（5）注意事项。

1）新阴极在使用前，先经过咬槽处理，这对于锌的析出及阴极的使用寿命有一定的好处。

2）废弃阳极要把握好穿孔的大小。

4.4.4.2 清理电解槽及供电线路

（1）电解槽及供电线路的配置方式。

电解槽按列次组合配置在一个水平面上，构成供电回路系统。如某厂每240个电解槽

配以一个供电系统（即一个回路），在这个系统中，又按每 40 个串联的电解槽组成一列，共六列。在每一列电解槽内，每个槽中交错装有阴阳极，同极距离（中心距）58~60mm，槽与槽之间，依靠阳极导电头与相邻一槽的阴极导电头片搭接来实现导电，列与列之间设置导电板，将前一列或最后一槽与后一列的首槽接通。因此，在一个供电系统中，列与列、槽与槽之间是串联电路，而每个电解槽内的阴阳极则构成并联电路。

（2）清理电解槽—掏槽。

操作分为横电操作、抽液及掏阳极泥、灌液与装槽几个步骤，详见前述掏槽岗位操作规程。

（3）清理供电线路。

检查整个供电回路，紧固所有母线接头夹板螺丝，清除绝缘缝、绝缘瓷瓶以及母线板上的所有杂物、结晶，擦亮首尾槽母线，确保导电良好，减少漏电。

注意事项：

1）掏槽时，注意析出情况，反溶严重时，要立即停止掏槽。

2）清除绝缘瓷瓶以及母线上的杂物时，应先将电流降低，以防被电击。

3）紧固母线接头夹板螺丝时，要交叉对称进行，不可用力过大，以防崩断螺杆。

4.4.4.3 出装槽操作

A 出装槽操作内容

出装槽是每隔 24h（也有的工厂是 48h 或 16h）将每个电解槽内带锌阴极取出送去剥锌，再将合乎要求的阴极铝板装入电解槽，继续进行电解沉积。出装槽操作质量好坏，直接影响到电流效率的提高和电能消耗的降低，是电解沉积锌的主要操作之一。作业步骤包括把吊、剥锌、上槽、平刷板、吊车等工作。

B "四关七不准"操作法

（1）槽上"四把关"：

1）导电关：导电头擦亮光打紧，两极对正，保证导电良好，消灭短路、断路。

2）极板关：记准接触，及时平整阳极，分清边板，不合格的阴极板不准装槽。

3）检查关：精心检查、调整，极距均匀、无错牙，槽上清洁无杂物，杂物不得入槽内。

4）添加剂关：适时、适量加入添加剂（吐酒石、骨胶等）。

（2）槽下"七不准"：

1）导电片松动、发黑、螺丝松动的板不准上槽。

2）弯角弯棒、板面不平整的板不准上槽。

3）带锌的板不准上槽。

4）透酸、有花纹、不光亮的板不准上槽。

5）塑料条开裂、掉套的板不准上槽。

6）板棒脱焊、裂缝的，导电棒、吊环或挂耳断裂，板面有孔眼的板不准上槽。

7）未经过处理的新阴极板不准上槽。

C 相关岗位操作规程

槽上岗位根据剥离析出情况，需加入吐酒石时，按班长安排称取所需的吐酒石，用热水配制溶液，准备好擦导电头布及记录接触的纸条，冲好擦导电头热水，检查吊具是否牢靠，摆放好槽上阴极靠架。配合吊车工套稳锌电积阴极板，将析出锌阴极挂吊出槽，吊至剥锌现场，每槽分两吊出槽，第一吊出槽后，装满阴极板，方可出第二吊。出装槽2h后方可加胶。胶的加入量视电流密度、溶液含杂质情况及析出锌表面状况而定，一般控制量为每列不大于10kg。

剥锌岗位准备好剥锌工具，检查落板架，摆好锌片靠架。剥锌时首先要抓稳阴极板，再用扁铲振打析出锌靠液面线附近的锌片，一般不许振打铝板，以保持板面平整、板棒平直。剥离锌片后的铝板，不合格须处理的板，分别堆放。上槽回笼板应摆放整齐，导电头交错放置。

平板岗位首先将前一天下咬槽的阴极板取出，吊到洗槽烫洗干净后停靠在平板台旁。经平整的阴极板必须板、棒平直，塑料条完整无缺，导电片螺丝拧紧。不能继续使用的铝板应剔除，其中脱焊的板集中送阴极制造工序焊补；难以凿去带锌的板吊往咬槽；报废的板应卸下导电头，集中送往废铝板堆放场。平板完毕后，清理工具，打扫现场卫生，丢弃的废板数要报告班长，卸下的导电片分类清数交到工段，并做好相关的记录。

刷板岗位开车前检查设备是否正常，然后按要求进行刷板操作，保证刷板质量，如发生设备故障，应立即停车，仔细检查。本岗位处理不了的故障应及时通知维修人员处理。操作完毕停车后进行现场和设备的清扫、维护。向班长报告本班刷板数量和损坏板数量，及时填写设备运行记录，做好班长分配的其他工作。

把吊岗位工作前仔细检查胶皮圈、钢丝绳、吊钩等吊具是否符合安全要求。导电片及阴极板、棒应冲洗干净，无黏附杂物，做到物见本色。挂板时胶皮圈要挂牢、挂稳，每吊数量应等于每槽装板数，并配好相应的边板，发现不合格板，应剔出送平、刷板岗位处理。锌片堆满一吊或剥锌完毕，应及时挂吊运往叉车道。挂吊完毕、吊走锌片后，清洗全部周转板并清点数量、整齐摆放，清点周转板数量并报告班长，需要下咬槽的板吊往咬槽。清扫的碎锌不得混有杂物，用水清洗，堆放在指定的锌片堆上面（送锌合金），然后再吊运废阴、阳极板和阳极泥、垃圾等物。下班前关闭水阀、汽阀，收拾工具、用具。

D 注意事项

（1）槽上操作时，要注意用扁铲敲打导电片的方法，使导电片夹紧力度适中，接触面大。

（2）加添加剂时，要结合当班的生产情况，注意加入时机及加入量。

4.4.5 槽面操作

4.4.5.1 槽面操作的基本知识

出装槽完毕后，调整阴、阳极间距，要求极距均匀；纠正"错牙"现象，要求所有阴、阳极边缘对齐，保持在一条线上以及阴、阳两极保持在一个平面上，不倾斜；清理槽面杂物，清除槽间板上的结晶等杂物以及阳极板上的碎锌粒、阳极泥等，消灭短路现象；这些工作全面完毕后，应全面检查导电情况，检查方法有光照法、手摸法及扁铲法，后者常用。它是以扁铲跨接两个阴极导电头，如有火花产生，表示不导电或导电不良，其原因有以下三个方面：

（1）阴极导电片松动；阴极导电头太细；阴、阳极夹（搭）接不良。

（2）阴极不导电。

（3）阳极不导电。

针对这些具体情况，必须及时处理，确保导电良好。

4.4.5.2　岗位操作规程

出装槽操作根据锌剥离析出情况，需加入吐酒石时，按班长安排称取所需的吐酒石，用热水配制成溶液，准备好擦导电头布及记录接触的纸条，冲好擦导电头热水，检查吊具是否牢靠，摆放好槽上阴极靠架。配合吊车工套稳锌电解阴极板，然后将析出锌阴极挂吊出槽，出槽时，注意观察，记准接触，导电头要擦亮，擦布要拧干，擦布水不得流入槽内。严格检查阴极板质量，剔除不合格板送槽下处理。装板时对正极距，导电片夹紧，分清边板，严禁误装，确保每块板导电良好。

槽上检查及清理装槽完毕后，按槽上把四关要求逐槽逐片检查导电情况，调整错牙，拨匀极距，清除接触，消除相邻槽阴极棒尾与阳极棒头的接触短路，并逐片检查校直极棒，消除塌腰阳极，防止断电。擦亮首槽导电母线板和长棒阳极棒的导电面，消除槽上杂物，凡影响电效和质量的物料严防掉入槽内，保持槽上清洁。

所有平阳极板"接触"的阳板应进行平整，平阳极板必须垫上废铝板，不许阳极泥掉入槽内。铲除的阳极泥不得堆在走道上，应及时倒入阳极泥斗。铲净阳极泥后，用木槌平直板、棒。凡鼓泡、接触、穿孔，孔径大于40mm而不能使用的阳极要集中堆放在运输道上。废塑料夹、废手套、阳极泥等各种物料应分类集中堆放，及时送往指定地点，下班前应清扫走道。

4.4.5.3　注意事项

胶量加入过多会引起析出锌发脆、难剥。加入吐酒石，注意观察槽内溶液颜色变化，以防止过量造成"烧板"；加入量少则效果差，所以应做到适时适量。

4.5　故障与处理

常见的故障有：阴极锌含铜质量的波动，阴极锌含铅质量的波动，个别槽烧板和普遍烧板。

4.5.1　阴极锌含铜量波动

4.5.1.1　阴极锌含铜量的波动原因

阴极锌含铜量的波动原因如下：

（1）溶液中铜含量的增加主要是受外界污染的影响，电解工在操作过程中不细致，造成铜污染物进入电解槽。

（2）烧板使阴极锌反溶而杂质仍然留在阴极锌片上，阴极锌的单片重量大幅度减轻。

（3）电流密度太低使阴极锌的单片重量减小，从而使阴极锌中铜含量相对增加。

4.5.1.2 阴极锌含铜量的波动处理

对质量异常的处理方法是加强槽面操作，防止或减少外界污染对阴极锌质量产生影响；适当调整添加剂的加入量；降低溶液中杂质的含量；适当提高电流密度。

4.5.2 阴极锌含铅量波动

4.5.2.1 阴极锌含铅量波动的原因

溶液中铅增加的原因：一是电解槽上操作不细致，在对阳极的处理过程中使铅进入溶液；二是溶液中的碳酸锶加入量太少。

4.5.2.2 阴极锌含铅质量波动处理

对质量异常的处理方法是加强槽面操作，防止或减少外界污染对阴极锌质量产生影响；适当调整碳酸锶的加入量。

4.5.3 个别槽烧板

4.5.3.1 个别槽烧板的原因

由于操作不细，造成铜污物进入电解槽内，或添加吐酒石过量，使个别槽内电解液铜、锑含量升高，造成烧板；另外，由于循环液进入量过小，槽温升高，使槽内电解液锌含量过低，酸含量过高产生阴极反溶；阴、阳极短路也会引起槽温升高，造成阴极反溶。

4.5.3.2 个别槽烧板的处理

加大该槽循环量，将杂质含量高的溶液尽快更换出来，并及时消除短路，这样还可降低槽温，提高槽内锌含量。特别严重时还需立即更换槽内的全部阴极板。

4.5.4 普遍烧板

4.5.4.1 普遍烧板的原因

产生这种现象的原因多是由于电解液杂质含量偏高，超过允许含量，或者是电解液锌含量偏低、酸含量偏高。当电解液温度过高时，也会引起普遍烧板。

4.5.4.2 普遍烧板的处理

首先应取样分析电解液成分，根据分析结果，立即采取措施，加强溶液的净化操作，以提高净化液质量。在电解工序则应加大电解液的循环量，迅速提高电解液锌含量。严重时还需检查原料，强化浸出操作，如强化水解除杂质，适当增加浸出除铁量等。与此同时应适当调整电解条件，如加大循环量、降低槽温和溶液酸度也可起到一定的缓解作用。

4.5.5 电解槽突然停电

突然停电一般多属事故停电。若短时间内能够恢复，且设备（泵）还可以运转时，应向槽内加大新液量,以降低酸度,减少阴极锌溶解。若短时间内不能恢复,应组织力量尽快将电解槽内的阴极全部取出,使其处于停产状态。必须指出:停电后,电解厂房内应严禁明火,防止氢气爆炸与着火。另一种情况是低压停电(即运转设备停电),此时应首先降低电解槽电流,循环液可用备用电源进行循环;若长时间不能恢复生产时,还需从槽内抽出部分阴极板,以防因其他工序无电,供不上新液而停产。

4.5.6 电解液停止循环

电解液停止循环即对电解槽停止供液,必然会造成电解温度、酸度升高,杂质危害加剧,恶化现场条件,电流效率降低并影响析出锌质量。停止循环的原因:一种是由于供液系统设备出故障或临时检修泵和供、排液溜槽;二是低压停电;三是新液供不应求或废电解液排不出去。这些多属预防内的情形,事先就应加大循环量,提高电解液锌含量,减小开动电流,适当降低电流密度,以适应停止循环的需要,但持续时间不可过长。

4.6 锌电解沉积技术条件

锌电解沉积技术条件对操作正常进行、经济指标的改善和保证电锌的质量都有决定性的意义。

锌电解沉积技术条件的选择,取决于各工厂的阳极成分和其他具体条件。对于杂质含量低、贵金属含量较高的锌阳极,则可以采用较高的电流密度、较高的电解液温度,而电解液的循环速度宜小。对于杂质含量高、贵金属含量低的锌阳极,则电解液的杂质含量必须严加控制,电流密度不宜过高,而电解液的温度宜高,循环速度应较大,且应增大净液量。

此外,如产量任务与设备能力基本相适应,可以采用最经济的电流密度进行生产;如产量任务大,而设备能力又较小,就必须采用高电流密度,同时其他技术条件也应做相应改变和调整。

4.6.1 电解液成分

通常电解液含 Zn 50~60g/L,含 H_2SO_4 为 100~110g/L。

4.6.2 电流效率

目前实际生产中的电流效率 η 约为 88%~93%。

$$\eta = 理论析出锌量/实际析出锌量 \times 100\%$$

实际生产中 H^+ 和杂质元素的放电析出以及锌的二次化学反应如下:

$$Zn + 1/2O_2 \Longrightarrow ZnO$$

$$ZnO + H_2SO_4 \Longrightarrow ZnSO_4 + H_2O$$

由于以上反应和短路、漏电等原因,析出的锌量总是低于理论计算的析出锌量。

影响电流效率的因素有以下几点:

(1)电解液中的杂质含量。

铜、钴、镍:电解液中铜含量高时,析出的锌呈黑色疏松状,严重时出现孔洞,降低电流效率。铜的来源是净液跑滤铜导头和其他铜物料溶解所致。钴的影响与铜相似,工业上称为烧板,产生小黑点和孔眼。胶的加入可减轻其危害。镍的行为与铜、钴相似。一般电解液中铜、钴、镍的质量浓度分别低于 0.5g/L、3~5g/L 和 1mg/L。

As、Sb、Ge、Se、Te：这些杂质对电沉积危害更大。电解液中 As、Sb、Ge 的质量浓度要低于 0.1mg/L，Se 和 Te 要低于 0.02~0.03g/L。其来源是锌精矿和氧化锌烟尘。

这些杂质的危害主要有：析出锌呈球苞状、条纹状和疏松状态，产生有毒的 AsH_3 和 SbH_3，显著降低电流效率。

Fe、Cr、Pb 对电流效率影响不大。Fe 会在阳极氧化为 Fe^{3+}，阴极上还原为 Fe^{2+}，允许铁的质量浓度为 2~5mg/L。Cr 和 Pb 比 Zn 的电位正，因而会在阴极析出，影响电锌质量，但对电流效率影响不大。

（2）电解液的温度。

电解液的温度高，则氢的超电位下降，因而也降低了电流效率，所以要求在较低的温度（30~40℃）下进行电解。电解过程是放热过程，因此工业上要对电解液进行冷却。

（3）析出锌的状态和析出周期。

析出表面粗糙意味着表面积增加，电流密度下降，也就是降低了氢的超电位，使电流效率下降。析出周期过长，阴极表面粗糙不平整直至长疙瘩，甚至使阴、阳极相互接触，造成短路，电流效率也会下降。工业上析出周期一般为 24h。

4.6.3　槽电压

槽电压 = 硫酸锌的分解电压 + 电解液电压 + 导电杆、导电板、接触点等的电压。生产中要力求降低这些无用的电压降：

$$V = IR = I\rho L/S = D_K \rho L/10000$$

式中　　ρ——电解液电阻率，$\Omega \cdot cm$；

　　　　D_K——阴极电流密度，A/m^2；

　　　　L——电阻长度（极距），cm；

　　　　S——导电面积（阴极导电面积），cm^2。

提高温度和酸度可使 ρ 降低，但同时电流效率也会下降，所以在生产中应综合考虑。

4.6.4　析出锌的质量与添加剂的作用

4.6.4.1　析出锌的质量

析出锌的质量包括化学质量和物理质量。

（1）化学质量。

化学质量是指锌中杂质含量多少和锌的等级。电锌中 Fe、Cu、Cd 都易达到要求，唯有铅不易达到，所以铅含量是电锌化学质量的关键。电解液中的铅来自铅阳极的溶解。促使阳极溶解的因素是电解液中的氯含量和电解液的温度。

从实践上看，MnO_2 与 PbO_2 共同形成的阳极膜较坚固。锰还能使悬浮的 PbO_2 粒子沉降而不在阴极析出。生产中为了降低电锌含铅，采取定期刷阳极和定期掏槽的措施。

为了降低铅含量还可添加碳酸锶。碳酸锶（$SrCO_3$）在电解液中形成硫酸锶，它与硫酸铅的结晶晶格几乎一致，因而形成极不易溶解的混晶沉于槽底。当用量为 0.4g/L 时，电锌中铅含量可降至 0.0038%~0.0045%，其缺点是比较昂贵。

（2）物理质量。

析出锌物理质量不好表现为：疏松、色暗有孔的海绵态。这种锌表面积大，容易返溶和造成短路，致使电流效率显著下降，电能消耗显著增高。

产生的主要原因：电解液中杂质多，氢析出得多。

影响物理质量的过程如下：

杂质在阴极析出→ 导致氢超电位下降→ 更多的氢析出，析出锌不紧密→ 导致阴极层 H^+ 浓度下降，严重时产生锌的水解，形成 $Zn(OH)_2$ 包在析出锌上，成为色暗疏松的海绵态锌。

4.6.4.2　添加剂的作用

锌电解时还加一些土酒石，目的是剥锌容易。

其原理是：

$$K(SbO)C_4H_4O_6 + H_2SO_4 + 2H_2O \Longrightarrow Sb(OH)_3 + H_2C_4H_4O_6 + KHSO_4$$

反应生成的 $Sb(OH)_3$ 为一种冷胶性质的胶体，它在酸性硫酸锌溶液中带正电，于是移向阴极，并粘在铝板表面形成薄膜，为易剥锌创造了条件。

4.6.5　槽电压与电能耗

为了得到令人满意的电能消耗外，除要有较高的电效外，还要有较低的槽电压。

4.6.5.1　槽电压

槽电压指电解槽内相邻阴、阳极之间的电压数值。

$$V = E_+ - E_- + IR_{液} + IR_{极} + IR_{泥} + IR_{接}$$

影响槽电压的因素有：

（1）温度：温度升高，槽电压下降，且电流效率下降；

（2）酸度：$[H^+]$ 增加，槽电压下降，且电流效率下降；

（3）电流密度 D_K：电流密度 D_K 升高，槽电压增加，且电流效率增加；

（4）极间距：极间距增加，槽电压增加。

一般情况锌电积的槽电压在 3.3 ~ 3.5V。

4.6.5.2　电能消耗

电能消耗指每生产 1t 锌所消耗的直流电能（kW·h）。

$$W = \frac{V}{q \times \eta} \times 100\%$$

可见，电能消耗与电流效率成反比，与槽电压成正比。因此，降低槽电压，提高电流效率是降低电能消耗的两大途径。

复习思考题

4-1　锌电积目的和原理是什么？

4-2　锌电积使用的设备主要有哪些?

4-3　画出锌电积工艺流程图。

4-4　锌电积正常操作有哪些具体内容?

4-5　锌电积生产过程中故障如何判断及处理?

4-6　锌电积主要技术条件有哪些?

5 锡电解精炼技术

锡电解精炼的原理是利用锡能溶解在某些溶剂中，在直流电的作用下，锡从粗锡阳极溶解，在阴极析出纯度较高的金属锡，杂质则留在阳极泥或电解液中。

优点：（1）在一次作业中除去全部杂质，流程简单；（2）锡的直收率高，火法锡入浮渣率为13%，电解入阳极泥只为6%；（3）劳动条件好，过程可机械化。

缺点：（1）大量锡积压在生产过程中，周转慢；（2）由于技术上的原因，酸性电解液易生成针状结晶，对此要用昂贵的添加剂，碱性电解液则必须在80℃以上的高温电解，以避免 Sn^{2+} 的形成，因此锡的电解液价格超过一般硫酸电解液20～30倍；（3）阳极泥的处理较复杂；（4）还需火法精炼除铁。

5.1 锡电解精炼原理

锡电解精炼的目的是产出合格的精锡或精电焊锡（阴极）。粗焊锡电解是以锡铅合金作为阳极，用电解阴极锡浇成的薄片作阴极，在硅氟酸盐溶液中，在直流电的作用下，阳极发生电化学溶解，锡、铅离子进入电解液并在阴极上析出，与其他杂质分离，而获得比较纯净的锡铅合金。其主要反应是：

阳极 $\qquad Sn - 2e \Longrightarrow Sn^{2+}$；$Pb - 2e \Longrightarrow Pb^{2+}$

阴极 $\qquad Sn^{2+} + 2e \Longrightarrow Sn$；$Pb^{2+} + 2e \Longrightarrow Pb$

粗焊锡电解精炼的结果是，产出合格的电焊锡（阴极）和带有阳极泥的残极。一部分阴极经进一步制作后，成为商品焊料；另一部分则用于制造阴极（始极）片。残极在洗净阳极泥后熔化，再返回阳极浇铸进行电解。阳极泥可用于回收其中的有价金属银、铋等。

5.1.1 锡电解过程的电极反应

5.1.1.1 阳极反应（氧化反应）

（1）在阳极上可能发生下列反应：

阳极 $\qquad Sn - 2e \Longrightarrow Sn^{2+}$，$\varphi$（$Sn^{2+}/Sn$）$= -0.136V$

$\qquad\qquad Pb - 2e \Longrightarrow Pb^{2+}$，$\varphi$（$Pb^{2+}/Pb$）$= -0.126V$

（2）阳极主反应：

$$Sn - 2e \Longrightarrow Sn^{2+}$$

5.1.1.2 阴极反应（还原反应）

（1）在阴极上可能发生的反应：

$$Sn^{2+} + 2e \Longrightarrow Sn, \quad \varphi（Sn^{2+}/Sn）= -0.136V$$

$$Pb^{2+} + 2e \Longrightarrow Pb, \quad \varphi（Pb^{2+}/Pb）= -0.126V$$

（2）阴极主反应：

$$Sn^{2+} + 2e \Longrightarrow Sn$$

5.1.2　杂质及添加剂在电解过程中的行为

5.1.2.1　杂质的行为

（1）电极电位比锡更正的杂质：As、Sb、Bi、Cu、Ag。

这类杂质电解时不会溶解而以阳极泥形式留在阳极板上，阳极泥的黏附力与阳极锑含量有关，所以阳极应含有一定的铅量，以防阳极脱落，但阳极泥的黏附又会使阳极溶解困难，极电压升高，甚至出现钝化现象。

（2）电极电位比锡更正的杂质：Fe、In。

Fe、In 从阳极中溶解进入电解液，但不会在阴极放电析出，铁离子在阳极可氧化成 Fe^{3+} 而又在阴极还原成 Fe^{2+}，它的循环放电会消耗电能。因此，在粗锡铸成阳极之前应将铁除去。

（3）电极电位与锡接近的杂质：Pb。

Pb 能与锡一起在阳极溶解和在阴极析出。在硫酸电解液中 Pb 可生成 $PbSO_4$ 沉淀，避免了铅在阴极析出，但 $PbSO_4$ 会引起阳极钝化。

5.1.2.2　添加剂的影响

（1）NaCl 及 $K_2Cr_2O_7$：可消除或减少阳极钝化，Cl^- 是强烈的去极剂。它的存在会发生 $H^+ + Cl^- \Longrightarrow HCl$ 反应。HCl 可使阳极黏附的 $PbSO_4$ 溶解，使致密的阳极泥变成疏松多孔的结构。但 NaCl 的量不能超过 7g/L，因 Cl^- 大部分会使阴极锡变成针状，易造成短路。而 $K_2Cr_2O_7$ 能使阳极泥变得疏松而渗透性好。

（2）甲酚磺酸：能与 Sn^{2+} 形成络合物，防止其氧化成 Sn^{4+}，有稳定 Sn^{2+} 的作用。另外，磺酸是表面活化剂，能使阴极沉积平整，还有助于阳极泥的沉降。

（3）β-萘酚乳胶和牛胶：都为表面活性物质，可使阴极结晶致密平整。β-萘酚还能使阳极泥变得疏松，延长钝化周期。它和乳胶都有澄清电解液的作用，但过量时则会增大电解液的电阻。

5.2　锡电解工艺流程

5.2.1　粗锡硫酸盐水溶液电解生产流程

粗锡硫酸盐水溶液电解生产流程如图 5-1 所示。

5.2.2　焊锡硅氟酸电解流程

焊锡硅氟酸电解流程如图 5-2 所示。

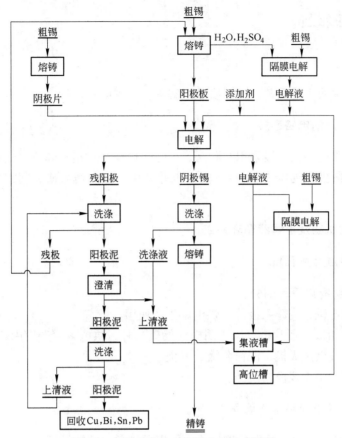

图 5-1 粗锡硫酸盐水溶液电解生产流程

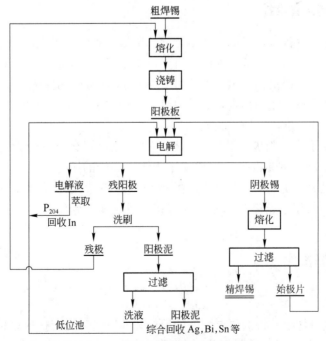

图 5-2 焊锡硅氟酸电解生产流程

5.3　锡电解精炼设备

5.3.1　电解槽

电解槽是电解的主要设备，用于盛装电解液，支撑电解。

5.3.2　锡电解车间的电路连接

电解槽的电路连接，一般采用复联法，即每个电解槽内的全部阳极（比阴极少一块）并列相连，全部阴极（通常为 30 ~ 40 块）也并列相连，而槽与槽之间则为串联连接，如图 2-3 所示。

5.3.3　极板作业机组及电解液循环系统

5.3.3.1　极板作业机组

极板作业机组有以下几部分：
（1）阳极浇铸机，浇铸阳极片，供电解生产使用。
（2）阴极（始极）制片机，制作阴极（始极）片，供电解生产使用。
（3）阴极、残极洗极机，洗涤阴极、残极。
（4）洗泥机，用于残极的洗涤。

5.3.3.2　电解液循环系统设备

酸泵用于循环电解液。高低位槽用于存储电解液及电解液循环。

5.3.4　锡电解精炼配套设备

浇铸阳极的主要设备由燃煤加热的熔化锅、阳极模和浇铸机组成。熔化锅由铸铁或铸钢制成，同时作为残极回熔设备，为此配有可进出于熔化锅的机械捞渣机。熔化锅的容量视生产规模和浇铸工艺而定，一般为 5 ~ 20t，大的可至 30t。阳极模由铸铁浇制，其尺寸取决于所采用的电解槽尺寸，其内表面及内壁最好经过刨床和铣床加工，以保证平整和光滑。内壁要有一定的斜度，以便于脱模。

出装槽架是用于阴、阳极出装槽的机械。硅整流机把交流电变为直流电，供电解生产使用，是电解生产的重要设备。熔化锅用于阴、阳极的熔化。吊车用于出装槽及吊运各种物料。铜杠抛光机用于光亮铜棒。配极架、卸极架用于配极和放置、存储极片。槽、板模、焊接小勺用于始极片的制作、焊接。吊起架、钢绳、平车用于挂钩运输、吊运物料。

5.4　锡电解精炼操作

5.4.1　阳极制作

在一定的温度条件下，将按要求配好的原料和残极交叉进行投料熔化，在同一熔化锅中搅拌均匀，捞去浮渣，通过阳极浇铸铸型，并控制一定的技术条件，获得合格的阳极片。

　　阳极板的规格及其本身的厚薄是否均匀一致，对电解过程有很大影响，因此，受到电解技术条件的严格限制。阳极重量或厚薄的控制可通过液阀进行调节。残极是与焊锡原料一起在熔化锅中熔化的，两者交叉进行投料熔化，并使锅中金属保持一定的液面。每投入一批残极已经熔化后，捞渣机便进入锅中进行捞渣作业，浮渣捞出后，捞渣机退出熔化锅，进行下一批投料。熔化锅中锡液的温度要控制好，温度过高会导致浮渣强烈氧化，给下一道工序带来不利影响；温度过低时，影响浇铸作业以及造成残渣结块，因此必须严格控制。

　　阳极片质量要求：阳极板面平整，厚薄均匀，无飞边毛刺、夹渣。

　　合格阳极板，可减少自然短路，提高电流效率，增加产品产量；电解后，可获得完整的残极片，以降低残极率和避免掉极而造成电解液受污染；可减轻槽面操作的工作量。阳极的质量对电解极为重要。

5.4.2　阴极制作

　　在化学成分基本保证的条件下，在一定温度下，将已熔化的阴极锡，通过始极制片机浇铸成形，并控制一定的技术条件和外观质量，获得合格的阴极片。

　　阴极的制作工艺过程是人工铸造。此法是调整和启动无级变速器，把熔融的锡液，自动盛于浇瓢内，用左手握住瓢把，沿浇板将锡液倾下，确认无孔洞，小脚不大于20mm，飞边不大于5mm。用右手拿过铜杆放到浇板上，由提片人用工具将铜杆上部的极片撬起，浇片人压下拍板提起极片，再用右手拿小勺在浇瓢内盛少量锡液沿撬叠接头处轻轻淋焊接，待焊接线冷却牢固后，由提片人左手握住铜杆头提起，右手用钩子辅助抬起极片放至承放架上。提片过程不能碰弯、损坏极片，重复进行并在包子盒内安放挂钩。在浇铸过程中有不合格品，隔出回锅，若温度过高，用周转锡降温或停风，打开火门，用散煤压住火焰降温，或者加大铸模冷却水流量。若锅内锡液过少，由阴极锅用锡泵转入液体锡或周转锡降温。按电解槽的需要量浇够后，慢慢浇水冷却包子，收熔废阴极（始极）片，将合格始极片过秤后，交下一道工序。取出凝固了的包子锡，放在始极锅边，烘烤干后进锅熔化。为保证阴极的物理规格，铸造中主要应控制浇片的温度，温度过高则制得的锡皮薄，易变形弯曲和断裂掉极。

　　另外，过高的温度还常造成极片穿孔、开叉，甚至不能浇铸。反之，温度过低则浇出的极片厚，折叠处不易打紧。

　　阴极（始极片）的质量要求：

　　（1）铜杆清洁光亮，无污物和细糠黏附；

　　（2）始极片厚薄均匀，无孔洞破裂，飞边不大于5mm，小脚不大于50mm；

　　（3）始极片与铜杆包裹紧密，焊接牢固。

　　阴极质量的好坏对电解过程有着重要的影响。在化学成分基本保证的条件下，阴极外观质量对电解的影响主要有以下几个方面：

　　（1）阴极弯曲或有较多的飞边毛刺，都会给电解装槽带来困难，并造成较多的自然短路，增加了电调工人的工作量，处理不及时会使电流效率降低。

　　（2）阴极包铜棒的折叠部分不压紧，除可能增加短路机会外，还会因导电铜棒和极片导电不良而发热。

（3）极片缺角、穿孔和开叉等，都在一定程度上减小了阴极有效面积，增大了电流密度，致使结晶粗糙，易长粒子造成短路。

（4）阴极过薄，则装槽操作中易变形弯曲，同时在电解后期因强度不够产生掉极，这不仅会污染电解液，使析出锡质量降低，而且掉极严重的槽会因电流过大烧断电极。

（5）铜棒不亮或带稻壳灰等，使极片电阻和接触电阻增大，使极片发热。如果电阻大到使电流不能通过，则电解终止，极片发生反溶现象，生产中称为"倒解"，严重地影响电流效率的提高。

5.4.3 电解液循环操作

随着电解过程的进行，阴极附近的锡离子逐渐降低，而阳极附近及阳极泥中锡离子浓度逐渐升高，因此，两极附近的电解液成分不均匀而产生浓差极化现象，使槽电压升高。在沿电解槽的纵深方向，由于电解液各组分的密度不同，在重力的作用下会发生分层现象，引起阴、阳两极的不均匀析出和溶解。单靠由离子的扩散来达到均匀电解液成分的目的是不可能的。为了尽量减小或消除浓差极化现象，必须将电解液进行循环流通，以达到电解液浓度平衡的目的。

随着电解的不断进行，电解液中的主金属离子不断在阴极析出，但同时也会发生阳极钝化，伴随有副反应的发生。阳极钝化阻碍了阳极上锡的继续溶解，从而导致阳极上主金属离子的溶解速度跟不上阴极析出的速度，破坏了溶解和析出的平衡，因此，随着电解的不断进行，电解液中主金属离子的浓度逐渐下降，发生离子贫化现象。所以，要不断调整阳极成分及补充所缺的离子，才能保证电解的顺利进行。

随着电解过程的进行，添加剂会逐渐消耗。一部分在阴极上析出，一部分进入阳极泥中，而另一部分则水解生成各种化合物。所以，随电解的进行，添加剂在电解液中的浓度会逐渐降低，需要不断地补充。但是，有机物添加剂，特别是β-萘酚和牛胶在电解液中的含量和消耗难以测定，其浓度和补充数量的控制应在生产实践中不断总结积累。

5.4.3.1 开、停循环泵操作

开、停循环泵操作如下：

（1）在正常出装槽操作时，关闭单排电解液循环总阀，停止单排电解液循环，单槽无流量；出装槽操作完毕，打开单排电解液循环总阀，恢复电解液循环，调整单槽流量。

（2）开车时，打开循环泵闸阀给循环泵灌水，底阀水满后关闭闸阀启动按钮，上液正常后调整高位槽、分布槽、电解槽等各部流量。

（3）技术员根据化验单和生产实际情况，通知加酸数量，将一定数量的硅氟酸转入配液池，加一定量的洗水，再转入循环，使之均匀后转入低位池。

（4）据电解槽每天的消耗量，用活动泵将配制、处理合格的上清液泵入电解循环系统低位池。

（5）定时对补充液进行取样化验锡、铅、总酸、游离酸。

（6）如若停产，通知停止直流供电，根据停产目的，做好电解液转、存、储准备，控制好各部位闸阀，逐步停、开酸泵，再停、再开，最后完全停止循环，防止电解液漫池腐

蚀设施和损失。

（7）整理好各种工具、用具、仪表，做好原始记录。

5.4.3.2 电解液的质量标准和控制方法

电解液的质量标准：清亮、无悬浮物。

控制方法：将电解液进行过滤，过滤是在铺有筛网、棕垫、木炭、滤布的特制过滤槽中进行，属于物理处理，除去电解液中的悬浮污染物和部分胶质，从而达到清亮、无悬浮物的质量标准。

5.4.4 出装槽

出装槽操作如下：

（1）将合格始极、阳极分别吊放于配片架上，按规定距离摆开，不合格产品分开放置。

（2）调整始极短杆长度，长杆端用砂布擦亮，修整飞边毛刺。

（3）阳极、阴极分别按要求片数各为一组摆放整齐方可起吊装槽。

（4）擦亮电桥和铜排接触面，进行锁槽，锁槽应接触紧密，避免引起电弧和开路。

（5）先取阴极，再取残极。极片吊离液面时最少停止 5s 淋液，然后才能离开槽面移到接酸盘，避免淋液污染其他槽极片和导电铜排。

（6）取阴极时不许碰撞残极，避免阳极泥脱落，污染电解液。

（7）装槽前捞出槽内断落极片、铜杆等物。

（8）清除槽面污染和杂物，擦亮铜排接触面。

（9）先吊始极入槽，长杆端搭在负极铜排上，再吊阳极入槽，大耳搭在正极上，注意防止撕挂始极。

（10）校正极距，排除小锁，使电解槽循环正常。

（11）测量槽电压，对槽电压不符合要求的电解槽，须进行处理，直到达到要求。

（12）维护保养设备，清扫工作场地，保持文明卫生。

5.4.5 槽面操作

槽面操作要做到"一光、二正、三消灭"。

一光：导电线路各接触点要光亮；

二正：入槽阴极板要对正，槽起板架要指挥对正；

三消灭：消灭短路、小锁和倒解。

槽面操作程序：

（1）严格检查装槽质量。

（2）专职员定时测量电解液温度，适时通蒸汽加热电解液，确保温度在控制范围。

（3）按要求将添加剂溶解，加入电解液循环系统中。

（4）按要求检查槽面，测量槽电压，排除小锁、烧边、倒解、短路、阳极解断及电解液断流、冒槽等异常现象。

（5）按工艺要求和循环泵的操作规程，启动或停止循环泵。

（6）指定人员定期取电解液样，送化验酸、主金属离子等。

（7）维护保养设备，清扫工作场地，保持文明卫生。

注意事项：

（1）上槽面脚踩方向要与极片垂直。

（2）根据极片入槽后周期及极片力学强度情况，新装槽踩阳极耳朵，即将出槽踩阴极，防止因踩踏地方强度不够造成滑动断落伤人或影响质量。

5.4.6　电解液净化

由锡铅电解的基本原理、电解分离的过程和杂质在电解过程中的行为以及生产实践证明，杂质在电解液中的富集较微，电解液的使用时间较长，在使用过程中，仅补充损失掉的电解液即可。

正常生产时，电解槽在每天补充新液与每天由阴极锡带出槽液的情况下，电解液中的杂质几乎保持着一个常数。电解液中杂质的浓度一般不会积累到有害的程度。但是若采用集中掏槽或是停产抢修后再生产时，电解液往往会受到污染而变得混浊。此时，需要进行简单的物理处理，即过滤和自然澄清，以除去其悬浮污染物和部分胶质。

对于溶于电解液中的杂质，则可采用大面积电解的办法除去，一般只需要一个电解周期后，即可产出合格的阴极锡。随着电解的进行，电解液中有害杂质的浓度可迅速下降转为正常状态，阴极锡中杂质含量也随之降低。

因此，实践上对电解液并不进行化学净化处理，而是物理过滤，这是锡电解生产与其他有色金属电解精炼所不同的。

5.5　故障与处理

5.5.1　阴极表面结晶质量问题

阴极表面结晶好坏反映出电解生产的总效果，它受到电流密度、添加剂、电解液成分等因素的影响。一般来说，电流密度小，阴极结晶比较细密、表面呈布纹状；若电流密度大，则阴极结晶就比较粗糙。在电解液中加入甲酚磺酸、乳胶和 β-萘酚等添加剂，对于改善阴极结晶能起到有益的作用。

5.5.2　阳极钝化

随着电解的进行，阳极中的铅和电解液中的酸生成不溶的盐，这种化合物与阳极中含有的某些离子和一些其他不溶物质组成复盐，紧密地覆盖着阳极的表面，阻碍电解液和阳极新鲜面的接触，就出现了阳极钝化现象，电解时间越长，这层覆盖物越厚，阳极钝化现象越严重。出现阳极钝化后，随之会出现以下不良现象：

（1）槽电压升高。

（2）随着槽电压的升高，阳极就会放出氧气，并且停止继续溶解，电解过程中断。

（3）阴极放出氢气，杂质大量在阴极析出，从而降低阴极锡的质量。

为了减轻阳极钝化，一般采取以下两种方法：

（1）电解液中加入去极剂，例如：氯化钠、铬酸钾等有助于克服阳极钝化，因为这些去极剂能够破坏阳极泥的紧密结构，使阳极泥变得稍微疏松，这样电解液就能继续透过阳极泥与新鲜的阳极表面接触，促使阳极的继续溶解和电解的顺利进行。

（2）定时将阳极从电解槽取出，清除表面的阳极泥，然后再将已清理过的阳极重新放入电解槽进行电解。

生产实践证明，以上两种方法均能收到不同程度的良好效果。

5.5.3 阴极杂质金属析出

影响阴极锡纯度的主要原因是杂质金属的析出，污染了阴极锡，而导致杂质金属析出的原因主要有两个：

（1）槽电压的升高会使杂质金属在阴极析出，因此为了保证阴极锡的质量，防止和减轻杂质金属对阴极锡的污染，使锑、铋等杂质金属留在阳极泥中，必须严格控制槽电压，而要达到较低的槽电压，就必须采取有利于改善阳极钝化的措施（因为阳极钝化会导致槽电压的升高），例如缩短阳极使用周期（4 天左右）、定时将阳极取出刮去表面的阳极泥、调整电流密度等。

（2）控制阳极成分。若阳极含杂质金属过高，即使槽电压不高，杂质金属同样会在阴极析出，所以控制阳极杂质金属含量至关重要。

5.6 锡电解精炼技术条件

5.6.1 电解液

5.6.1.1 电解液的温度

温度高，则电解液的黏度降低，有利于减小浓差极化，降低电解液的电阻且阳极溶解均匀。升高温度利于金属离子的扩散，易得到细晶。但温度过高，晶粒成长速度增大，可能得到粗晶。温度高，酸耗大。焊锡电解温度一般不要超过 42℃。

5.6.1.2 电解液的成分

电解液成分随着生产条件的不同而变化，除了含有金属离子、硅氟酸外，电解液中还含有少量的金属杂质离子和添加剂如胶质等。因此，各厂的生产条件不同，电解液中金属离子、酸的浓度控制范围差异也很大。根据实际情况，按规定定时取样分析化验。根据化验结果进行新酸的加入或主金属离子的调整。根据阴极结晶状况适时地调整添加剂的加入量。

电解液温度及成分调整过程中体积平衡、浓度平衡及稳定平衡的措施如下：

（1）体积平衡和浓度平衡的意义。

通常化学反应都能同时以不同的速率向正、逆两个方向进行。在一定条件下（温度、压力、浓度）下，如果各物质的组成不随时间变化，反应就达到了平衡状态。此时，从宏观上看，系统处于静止状态，但从微观上看，正、逆反应仍在进行，只是反应的速率相等，是一个动态平衡。化学平衡状态是在一定条件下，所能达到的最大限度，所以平衡时产物含量就是该条件下的最高产量。

浓度对平衡的影响：反应在一定温度下达到平衡时，若对平衡系统增加反应物浓度，平衡向正方向移动，生成物浓度增加，建立新的平衡。反之，如增大生成物的浓度，则可得到相反结果。因此电解液的体积平衡和成分稳定，是保证电解顺利进行和使化学平衡状态能达到最大限度以获得最高产量的条件。

在电解过程中，电解液的主要成分随电解的进行而发生变化，出槽时被阴极锡及阳极泥带出，存在蒸发及漏液等损失。电解液体积和浓度发生变化，必将打破电解液的体积平衡和浓度平衡。

（2）稳定平衡的措施。

1）加入新的 H_2SiF_6 和补充液。

在电解过程中，因电解液的机械损失、蒸发损失和其他复杂反应的结果，电解液中游离的 H_2SiF_6 浓度会逐渐降低。因此，维持电解过程中正常的酸消耗，须定期对电解液进行化验分析，并加入新的 H_2SiF_6 进行调整，且补充的新酸要分班均匀地加入，从而维持电解过程的正常进行。为了保证电解液的体积平衡，还必须分班均匀地补充加入洗液。由于洗液中杂质的含量较电解液高，锡、铅、酸含量也不同，因而，在加入洗液前必须进行充分的沉淀，一般在 24h 左右。为了保证电解液成分稳定，洗液补充量力求均衡。补充量与气候、电解液循环及循环速度、出装槽数量、电解液温度、电流密度和机械损失等因素有关。

2）加强电解槽的维护修理并严格遵守操作制度。

电解锡通常是在室温下电解，当夏季气温特别高时，槽温会上升，溶液易挥发损失。漏液损失是因为电解槽长期使用发生渗漏，及操作不妥造成的，这些都应在生产过程中，通过加强电解槽的维护修理和严格遵守操作制度来加以克服。电解液组成和数量的变化是通过周期地或连续地补充新溶液来调整的。

5.6.1.3　电解液的循环

电解液循环的目的是减少浓差极化和分层现象。循环量过小，浓差极化和分层严重，极片较黑，杂质容易析出；循环量过大，电解液易被冲浑浊，杂质易机械夹带，也易长树枝状结晶。因此循环速度要联系实际并与电流密度相匹配。在一个槽中，电解液循环方式有上进下出和下进上出两种方式。锡电解液的循环多采用下进上出的循环方式，这种循环方式的优点是电解液上下浓差小，比较均匀，缺点是电解液的流动方向和阳极泥下沉的方向相反，易造成金、银等贵金属的损失。

5.6.2　电解槽

5.6.2.1　槽电压

槽电压升高不仅会降低电效，同时使杂质析出，影响阴极质量。合理选择电流密度，有效控制电解液的循环流量，加强槽面工作质量等，可有效控制槽电压。

5.6.2.2　电流密度

在电解中提高电流密度受到阳极容易钝化和阴极易受到粘污的限制，但是如果采用高品位的阳极和提高电解液中主金属离子浓度、酸度和温度及加大循环量的方法，则电流密度是可以适当提高的。

5.6.2.3　阴、阳极的重量、尺寸和要求

阳极的外形与尺寸的选择，取决于电解工艺对阳极的特殊要求，其原则大致如下：阳极外形尺寸的大小，首先取决于工厂的生产能力和所采用的制作方法，故阳极尺寸供选择的范围较大，常见的长度为 400~1050mm，宽为 300~957mm。

阴极尺寸的大小取决于工厂的生产规模和能力。一般情况下，选择阴极的长和宽都比阳极大，并要求阳极板面平整，厚薄均匀，无飞边毛刺、夹渣。阴极铜杆清洁光亮，无污物和细糠粘附；始极片厚薄均匀，无孔洞破裂，飞边不大于 5mm，小脚不大于 50mm；始极片与铜杆包裹紧密，焊接牢固。

5.6.2.4　极间距离

同名极距根据电流密度等技术条件采用与之相适应的极距。在保持电流密度不变的情况下，缩短极距可以获得与提高电流密度同样的效果，即在不增加电解槽数目和扩大电解槽尺寸的条件下，可以增加电解锡产量。极距缩短主要受获得良好的电流效率所限制，因为随着极距的缩短，阴极锡与阳极短路机会增加。为了在较短极距的情况下仍旧能获得较高的电流效率，必须创造相应的操作条件。如果极距不均匀，阴、阳极距离近者溶液的电阻小，通过的电流大，因此该处被溶解的金属数量增加，甚至发生残缺或空洞。阴极、阳极极距不均匀的原因是阴、阳极本身弯曲、不平整，尤其是阴极的弯曲现象容易发生，其次是操作上的疏忽引起的。

5.7　锡电解精炼的主要技术经济指标

5.7.1　电流效率

电流效率通常是指阴极电流效率，为电解铜的实际产量与按照法拉第定律计算的理论产量之比，以百分数来表示。引起阴极电流效率降低的因素较多，如电解的副反应、阴极铜化学溶解、设备漏电以及极间短路等。

电流效率一般为 75%~90%。

电流效率高则电能消耗就低。在电解过程中，影响电能消耗和电流效率的因素较多，包括溶液的导电性、接触电阻、阴极结晶和阳极成分，以及是否短路、漏电等。为了提高电流效率，降低电耗，往往采取以下措施：

（1）加强电解液的循环，目的在于减小浓差极化和分层现象，降低电解液的电阻，提高电解液的导电性。

（2）加强管理，经常清除导电棒上的污垢，目的在于提高导电棒的导电性，降低接触电阻。

（3）有机物添加剂的加入量要适当，不能过多，因为在前面介绍添加剂作用时，我们已经说过，有的添加剂（氯化钠）能够增强电解液的导电度，有利于降低槽电压和电能消耗，有些添加剂（如 β-萘酚，乳胶等）能够增强阴极沉积物的附着力，使阴极结晶致密，表面平滑，并能澄清电解液。但是 β-萘酚和乳胶有不利的方面，它们是高分子化合物，导

电性较差,会增加电解液的电阻,使电耗增加,电流效率降低,所以,这些不利于降低电耗的有机添加剂不宜加得过多,具体的加入量要通过实验和生产实践来确定。

(4)严防短路的发生。短路是使电耗增加、电流效率降低的重要因素。造成短路的原因是阴极结晶状况差,当结晶过长或出现瘤状时就会和阳极接触而发生短路。所以,为了避免短路现象的发生,必须定时检查槽电压,一旦发现某处槽电压下降很大,说明此处已出现短路现象,就必须将结晶压平或用工具铲掉。另外,阳极板变形和装槽不按技术要求操作也可能造成短路,这就需要将阳极板取出整平后再重新使用,并加强槽面管理。

5.7.2 槽电压

槽电压是影响电解铜电能消耗的重要因素,它比电流效率的影响尤为显著。只要操作或技术条件的控制稍有不当,槽电压就可能会上升百分之几十甚至成倍上升。

槽电压一般为 $0.2 \sim 0.3V$。

5.7.3 其他指标

电解液温度:$35 \sim 37℃$

极间距:$100mm$

D_K:$100 \sim 110A/m^2$

冶炼回收率:$95\% \sim 99\%$

残极率:$35\% \sim 45\%$

阳极泥率:$2\% \sim 3\%$

直收率:$70\% \sim 95\%$

阳极渣率:$2\% \sim 3\%$

阴极渣率:$2\% \sim 3\%$

复习思考题

5-1 简述锡电解的目的和原理。

5-2 锡电解使用的设备主要有哪些?

5-3 画出锡电解工艺流程图。

5-4 锡电解正常操作有哪些具体内容?

5-5 如何判断及处理锡电解生产过程中的故障?

5-6 锡电解主要技术条件有哪些,如何进行技术控制?

5-7 锡电解精炼的主要技术经济指标有哪些?

6 镍电解精炼技术

6.1 镍电解精炼原理

镍电解精炼的目的是在阴极上沉淀出较纯的电解镍。镍电解精炼的阳极有硫化镍、粗镍或镍基合金废料，阴极为用光滑的钛板或不锈钢板作为种板的镍始极片，电解液多为硫酸镍和氯化镍的弱酸性溶液，也有用纯氯化镍弱酸性溶液，但很少有用纯硫酸盐溶液的。

镍电解精炼采用隔膜电解法，如图 6-1 所示，即阴极放在隔膜布袋中与阳极隔开，纯净电解液从高位槽经分液管流入每个隔膜袋中，并保持袋内液面高于袋外液面。在直流电的作用下，阴、阳极上发生的主要反应如下：

阳极：

（1）金属阳极上主要发生金属镍的放电溶解反应

$$Ni - 2e \Longrightarrow Ni^{2+}$$

（2）硫化物阳极上主要发生的反应

$$Ni_3S_2 - 6e \Longrightarrow 3Ni^{2+} + 2S$$

阴极：

$$Ni^{2+} - 2e \Longrightarrow Ni$$

镍电解时，阳极液不断从电解槽流出，送去净化。在镍的可溶性阳极电解过程中，由

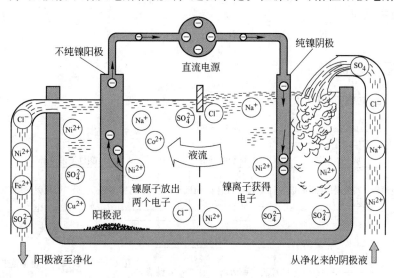

图 6-1　镍电解精炼过程示意图

于阳极杂质的影响，使得阳极电流效率略低于阴极电流效率，再加上电解液在净化过程中各种渣夹带而造成的损失，使得电解液中的 Ni^{2+} 浓度不断贫化。为了防止电解液中镍的贫化，在阳极液送往净化前须根据情况补充适量的镍离子，生产上采用造液的办法。

镍电解精炼的产物有电解镍、残极、阳极泥，其中产出的电解镍用热水洗去表面电解液，经检验、剪切、包装后成为最终产品。电解产出的残极返回熔铸系统重新浇注阳极板或选出较完整的阳极板送造液处理。在硫化镍阳极电解过程中，阳极板含有的 Ni、Cu、Fe、Co 等元素，大部分进入溶液，而硫和未溶解的硫化物及贵金属则形成阳极泥，硫化镍阳极电解的阳极泥产率为 20% ~ 22%，阳极泥含硫约为 80%，洗涤后阳极泥含镍低于 1.5%。阳极泥经过洗涤后，送热滤脱硫得到硫黄及热滤渣，后者作为提取贵金属的原料。

阴极主反应：

$$Ni^{2+} + 2e = Ni$$

阳极主反应：

$$Ni_3S_2 - 6e = 3Ni^{2+} + 2S$$

（1）阳极反应（氧化反应）。

1）在阳极上可能发生下列反应：

$$Ni - 2e = Ni^{2+}, \quad \varphi\ (Ni^{2+}/Ni) = +0.34V$$

$$Ni_3S_2 - 6e = 3Ni^{2+} + 2S$$

2）阳极主反应：

$$Ni_3S_2 - 6e = 3Ni^{2+} + 2S$$

（2）阴极反应（还原反应）。

1）在阴极上可能发生的反应：

$$Ni^{2+} + 2e = Ni$$

2）阴极主反应：

$$Ni^{2+} + 2e = Ni$$

6.2　镍电解工艺流程

镍电解工艺流程如图 6-2 所示。

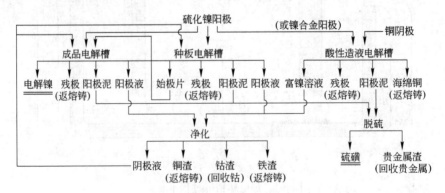

图 6-2　镍电解工艺流程图

6.3 镍电解精炼设备

6.3.1 电解槽

硫化镍阳极电解主要设备为电解槽，如图 6-3 所示。电解槽壳体由钢筋混凝土制成，内衬防腐材料。我国曾采用过的防腐衬里有：生漆麻布、耐酸瓷板、软聚氯乙烯塑料板、环氧树脂等。生漆麻布衬里的防腐蚀效果较好，但漆膜需要干燥的时间较长，生漆的毒性又较大，现在已较少采用。软聚氯乙烯塑料板衬里的防腐蚀效果也较好，但由于衬里面积大，焊缝质量不易保证。

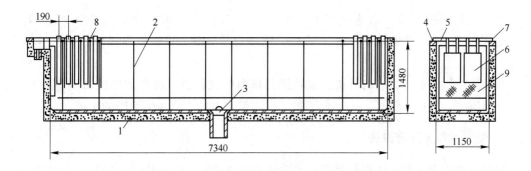

图 6-3　硫化镍电解槽

1—槽体；2—隔膜架；3—塞子；4—绝缘瓷板；5—阳极棒；6—阳极；7—导电板；8—阴极；9—隔膜袋

我国硫化镍电解工厂采用的酸性造液电解槽壳体材料、尺寸和防腐完全相同，仅槽内无隔膜，其结构如图 6-4 所示。

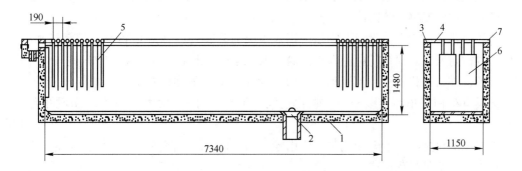

图 6-4　酸性造液电解槽

1—槽体；2—塞子；3—绝缘瓷砖；4—阳极棒；5—阴极；6—阳极；7—导电板

6.3.2 镍电解车间的电路连接

电解槽的电路连接，一般采用复联法，即每个电解槽内的全部阳极（比阴极少一块）并列相连，全部阴极（通常为 30~40 块）也并列相连，而槽与槽之间则为串联连接，如图 2-3 所示。

6.3.3　极板制备设备

6.3.3.1　硫化镍阳极制备设备

熔炼反射炉：将残极、返回的大块不合格阳极破碎与烟尘、镍精矿块混合在炉内1350℃熔化后，产出镍锍熔体、熔铸炉渣。

直线浇铸机：将熔炼反射炉放出的镍锍熔体，经过流槽流入中间浇铸包，间断地注入铸模中。经缓冷脱模产出成品阳极。

6.3.3.2　阴极制备设备

种板电解槽：数量一般为生产电解槽数量的 1/10。一般采用钛种板生产始极片，在电流密度为 $220 \sim 230 \ A/m^2$ 条件下，一般为 $16 \sim 24h$，其他技术操作条件与生产槽相同。

对辊压纹机、剪板机、钉耳机：硫化镍阳极电解钛种板上沉积的镍层被剥离下来后，经过对辊压纹、剪切、钉耳、平压等工序，制成镍始极片，作为生产槽的阴极。

6.3.4　镍电解精炼配套设备

镍电解精炼净化的主要设备是指用于净化的净化槽和用于液固分离的管式过滤机、板框压滤机、厢式压滤机、离心机、浓密机。

净化槽用于除铁、镍、钴等杂质以及制作碳酸镍，主要有 $75m^3$、$25m^3$ 空气搅拌槽、机械搅拌槽和 $40m^3$ 沸腾槽。$75m^3$、$25m^3$ 空气搅拌槽主要用于除铁、钴等杂质的净化生产和碳酸镍生产。溶液的搅拌借助于空气。槽体用钢筋混凝土制成，内衬防腐砖。

机械搅拌槽用于新系统碳酸镍制作生产，矿浆的搅拌借助于电动机带动的螺旋搅拌器。槽体可用钢或钢衬钛制成。

沸腾净化槽用于净化除镍。它是由钢板焊成的筒体（沉降室）和锥形槽底（沸腾槽）组成，内衬防腐砖。镍精矿由上部导流筒加入，溶液由下部 1∶3 沿切线方向进入，在槽内螺旋上升，并与镍精矿呈逆流运动，在流态化床内形成强烈搅拌而加速置换反应的进行。该设备具有结构简单、连续作业、强化过程、生产能力强、使用寿命长、劳动条件好等优点。

板框压滤机是湿法冶炼净化工序应用较广的一种液固分离设备，由装置在钢架上的多个滤板与滤框交替排列而成。

6.4　镍电解精炼操作

6.4.1　阳极制作

在硫化镍阳极电解工艺过程中，根据硫化镍阳极电解的需要，高冰镍浮选出的硫化镍二次镍精矿，经反射炉熔化、浇铸、缓冷等工序制成具有一定物理规格的阳极板供电解精炼生产，同时除去大约 10% 的杂质。熔铸硫化镍阳极板的主要原料为二次镍精矿，此外，还有电解残极及熔铸返回物。

6.4.1.1　阳极制作基本原理与工艺过程

A　基本原理

镍熔铸反射炉生产工艺是将高锍磨浮产出的镍精矿和其他返回物料经皮带运输机从反射炉顶两侧加入反射炉，依靠炉底和炉墙形成斜坡，在反射炉内熔化。人工扒渣或放渣除去镍精矿中夹杂的转炉渣。采用烧眼放硫化镍熔体，用直线浇铸机浇铸成高硫阳极板，在保温坑保温缓冷大于 48h，然后起出，堆放在阳极场。

B　工艺过程

炉料准备。熔铸反射炉的炉料有粉料和块料。残极和返回的大块不合格阳极须经人工打碎为 30~50mm 碎块方能入炉。烟尘与镍精矿混合后经圆盘给料机、皮带运输机加入炉内。残极、废阳极板、喷溅物等块状物料人工打碎后经加料漏斗、皮带运输机加入炉内。按一定的配料比进行加料，先加粉料，后加块料。

熔化。炉料的熔化在高温及微氧化性气氛下进行。炉膛温度一般为 1350℃，压力控制为微负压。炉料熔化后，由于密度不同，原料夹带的少量炉渣、泥沙等浮于镍锍熔体表面，形成熔铸炉渣，需定期扒渣。熔铸炉渣占入炉物料量的 6%~10%。

浇铸。硫化镍阳极浇铸时，炉内基本维持为零压。放出的硫化镍熔体，经过流槽流入中间浇铸包，采用人工控制方式间断注入直线浇铸机的铸模中。浇铸时主要控制硫化镍熔体温度、模子温度及阳极板的冷却速度。

缓冷。浇铸后的阳极板在铸模中冷却至 650~700℃ 后取出，置于保温坑内缓慢冷却，以完成 $\beta - Ni_3S_2 \rightarrow \beta' - Ni_3S_2$ 的相变。如保温不好，相变时迅速冷却，阳极板则发脆、易裂，影响电解生产。经 48h 的缓慢冷却后，阳极板温度降为 150~200℃，此时已完成品型转变，方能在空气中冷却到室温。

6.4.1.2　阳极制作原料

A　废阳极

经过一个电解周期后的阳极，即残极，其表面附有阳极泥及一些电解液，为防止炉内发生"放炮"事故，残极必须自然干燥。返回炉中时要求砸掉镍线。

B　炉料

二次镍精矿黏性大，水分高，生产中须自然干燥至含水 8% 左右，再入炉熔化。

C　返回物料

返回物料主要为加镍精矿时产生的烟尘、浇铸包上的结壳或浇铸时产生的不合格阳极、喷溅物及撒落在地面上的金属硫化物、从炉渣中捡出的金属物料等。

各种原料的主要化学成分如表 6-1 所示。

表 6-1　各种原料的主要化学成分　　　　　　　　　　　%

名　称	Ni	Cu	Fe	Co	S
二次镍精矿	63	3.5	1.8	0.9	26
残　极	68	4.0	1.7	1.0	24
烟　尘	20	1.4	3.5	0.5	8.4

6.4.1.3　阳极质量

A　阳极质量要求

硫化镍阳极的挂耳在阳极浇铸时须预先埋入镍线环，如图 6-5 所示，硫化镍电解精炼采用小型阳极板，即每根阳极棒上挂有 2 块阳极板，其化学成分如表 6-2 所示。

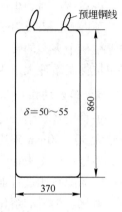

图 6-5　硫化镍阳极

表 6-2　硫化镍阳极板化学成分　　　　%

成　分	Ni	Cu	Fe	Co	S	Pb	Zn
指　标	>66	<5	<1.9	0.8 ~ 1.0	<25	≤0.008	≤0.004

阳极质量要求：

（1）阳极板外形规格为 860mm × 350mm，厚度为 50 ~ 55mm。

（2）阳极表面平整，板面弯曲度不大于 10mm，无飞边、毛刺。

（3）阳极板表面鼓包高度和气孔深度不大于 10mm，气孔率应控制在最低限度。

（4）表面不得有裂纹，夹渣面积不大于阳极板面积的 3%。

（5）镍耳线粗 5mm，外露部分长 250 ~ 270mm，且预埋牢固。

B　阳极板质量对电解生产的影响

在硫化镍阳极电解过程中，阳极板质量对槽电压有极其重要的影响，如果高镍锍阳极铸造过程中有夹渣和气孔，由于渣和空气的导电性能很差，致使槽电压升高。一般要求阳极质量均匀（尤其是含硫高的阳极板），表面没有浮渣，这样才有利于阳极的均匀溶解。若阳极铸造后冷却时间不够，晶形转变不完全，β-Ni_3S_2 含量增多，阳极溶解发生困难，极化电势增加，产生阳极钝化的可能性增大。一般要求阳极板缓慢冷却至室温。

生产实践表明，为了得到良好的溶解性，阳极板中各种元素成分都必须控制在一定范围之内。

阳极板中的硫含量对阳极过程有很大影响。硫含量低于 20% 时，阳极板凝固时会析出金属相，溶解时这种金属优先溶解，产出大量含镍很高的阳极泥；当硫含量高于 25% 时，阳极板发脆、易碎，而且阳极造酸反应严重，不利于生产。

镍是硫化镍阳极的主要有害杂质。镍以 Cu_2S 形态存在于阳极板中，含镍低时，对硫化镍阳极溶解度影响很小；当镍含量高于 10% 时，Cu_2S 将优先于 Ni_3S_2 溶解，对硫化镍阳极溶解和阴极镍的质量都有极不利影响。

阳极板含铁低对电解影响很小，如果高镍锍中含有过高的铁、钴，特别是金属化的铁、镍、钴时，在阳极氧化过程中形成相应的氧化层（如 γ-Fe_2O_3 等），覆盖在电极表面，阻碍镍的正常溶解，阳极极化明显加重，槽电压迅速上升，阳极造酸反应相应增强，严重时会引起阳极钝化。

阳极板中还含有一定量的钴及微量的铅、锌等，它们含量一般很少，对阳极溶解影响不大，主要是对溶液净化及阴极沉积物的影响。

注意事项：

（1）炉料的含水及粒度。

（2）阳极保温缓冷要大于48h，温度由538℃逐渐降至200℃，保证晶型转变。

（3）浇铸前事先在模内用高压风均匀喷涂黄土泥浆。

6.4.2 阴极制作

6.4.2.1 阴极制作工艺基本原理

A 阴极（电解镍）制作工艺的基本原理

在硫化镍电解过程中，阳极采用硫化镍阳极板，阴极是放在隔膜内的镍始极片（或钛种板）。通电时，硫化镍阳极的溶解和阴极的析出是同时进行的。硫化镍阳极在溶解时，镍及铁、镍、钴、铅、锌等元素以离子状态进入溶液中，同时溶液中的镍离子在阴极上析出，形成阴极产物——电解镍。

在电解过程中，为了防止阳极溶解下来的 Co^{2+}、Cu^{2+}、Fe^{2+}、Pb^{2+}、Zn^{2+} 等杂质离子及 H^+ 在阴极上析出，采用阴极套隔膜袋的方法，将电解槽分为阴极区和阳极区两部分，将阴极和阳极隔开。由于隔膜袋有一定的致密度，经过净化的纯净电解液（新液）从高位槽经分液管流入隔膜袋内（即阴极区），控制一定的新液流量可使隔膜袋内的液面始终高于阳极区的液面，并保持一定的液面差，使阴极液依靠静压差，通过隔膜袋微孔渗出的速率大于阳极液中杂质离子在扩散及电泳作用下向阴极区反渗透的速率，阻止阳极液进入阴极区，从而保持了隔膜袋内电解液的纯度，保证了电解镍的质量。

B 阴极（电积镍）制作工艺的基本原理

在镍沉积过程中，阳极材料采用铅钙锶银四元合金阳极板（添加银是为了增强阳极导电性，添加钙及稀土元素锶是为了增强阳极板的强度）。阴极是下在隔膜内的镍始极片（或钛种板）。经净化后的溶液按一定的循环量均匀地进入阴极隔膜室内。电积过程中阴极液由阴极室渗入阳极区，电解槽内的阳极液由槽壁导流管从槽底引至电解槽溢流口排出，经集流管流至阳极液中间槽。含硫酸50g/L的阳极液泵入阳极液贮槽或送往高镍锍浸出工序，生产槽阴极产出的成品电积镍经烫洗、质检、包装入库。

6.4.2.2 阴极质量

A 阴极的质量要求

镍始极片是由种板剥离下的镍薄片经过对辊压纹、剪切、钉耳等工序加工而成的。为了避免阴极边缘生成树枝状结晶，阴极的宽度和高度每边比阳极大 40~50mm。

阴极质量要求如下：

（1）阴极始极片规格尺寸为：880mm×860mm，始极片要平直，无飞边、毛刺。

（2）阴极化学成分符合 GB/T6516—1997 产品质量标准。

（3）电解镍均应洗净表面及夹层内电解液，表面洁净、无污泥、油污等。

（4）电解镍平均厚度不应小于3mm。电解镍边缘不得有树枝状结粒及密集气孔（允许修整）。

（5）电解镍表面不得有直径大于2mm的密集气孔，直径0.5~2mm密集气孔区总面积不得超过镍板单面面积的 10%。

（6）电解镍表面高度大于 2mm 的密集结粒区总面积不得超过镍板单面面积的 10%。

B　阴极始极片外观质量对电解的影响

阴极始极片外观质量对电解的影响如下：

（1）始极片几何尺寸达不到要求，会影响析出镍的质量，从而直接影响电镍品级率。

（2）阴极始极片耳子钉接不牢，会影响导电性能。

（3）剪切不齐出现飞边、毛刺，下槽容易剐破隔膜袋。

注意事项：

（1）始极片制作时，要严格按技术操作规程操作。

（2）进行各种作业要穿戴好劳动保护用品。

6.4.3　电解液循环操作

6.4.3.1　电解液质量

A　镍电解新液质量标准

生产 Ni9990 电镍的电解液成分标准如表 6-3 所示。

表 6-3　电解液成分　　　　　　　　　　　　　　　　g/L

成　分	Ni^{2+}	Na^+	Cl^-	SO_4^{2-}	H_3BO_3	有机物
含　量	65~75	30~40	70~80	90~110	4~6	≤0.7

B　电解液质量的控制

a　镍离子

在镍电解过程中由于阴、阳极效率差，以及净化过程中各种渣带走一定量的镍离子，镍离子会出现贫化。实际生产中是通过外车间来液、造液补充镍离子，以及处理镍渣、铁渣、洗涤海绵镍阳极泥来达到镍的平衡。

b　钠离子

在净化过程中，由于采用碳酸钠作中和剂，用于净化后调 pH 值，以及中和黄钠铁矾生成过程中产生的酸。因此，生产中将钠离子引入了电解液，并且随着电解过程的进行，钠离子逐渐积累。

为了维护体系的钠离子平衡，生产中采用抽取一部分溶液制作成 $NiCO_3$，在进行液固分离时钠离子进入液相，通过外排而达到排钠的目的。

c　氯离子

在镍电解生产中，使用盐酸的岗位较多（造液调酸、烫洗始极片、酸洗陶管、除锌树脂转型等），因此，生产中要根据新液氯离子含量适当增减盐酸用量。

d　硫酸根

在镍电解生产中，使用硫酸的岗位也较多（造液调酸、烫洗种板、净化除镍等），因此，生产中要根据新液硫酸根离子含量适当增减硫酸用量。

e　硼酸

在镍电解过程中，阴极上或多或少有氢气析出，从而使得阴极表面电解液 pH 值升高

导致 Ni^{2+} 水解,从而形成碱式盐而影响电镍质量。生产中通常加入硼酸来维持阴极表面电解液 pH 值,在一定程度下减少镍的水解和碱式盐的生成。生产中一般根据硼酸含量进行增减硼酸用量。

f 有机物

在镍电解生产过程中,有机物的来源是多方面的,如外车间来液、压滤机、泵漏油等。首先,有机物的存在使阴极表面成为憎水性,使得阴极板上生成的氢气泡牢固地滞留在阴极表面上,影响镍的正常沉积,造成阴极表面长气孔,影响电镍的外观质量。另外,有机物的存在导致沉积物内应力增大,严重时使沉积物变黑碎裂。因此生产中必须采取措施防止压滤机、泵漏油现象,同时加强检测外来溶液,防止有机物进入生产系统。根据电解液中有机物含量可适当增减木炭粉用量。

C 电解添加剂对电解液质量的影响

木炭粉:利用木炭粉具有较强的吸附性能,生产中用来吸附溶液中的有机物,以减轻或杜绝电镍长气孔。

硼酸:是一种缓冲剂,在生产中起维持阴极表面电解液的 pH 值,在一定程度上减少镍的水解和碱式盐的生成,有利于提高电流效率。

6.4.3.2 电解液循环

电解液循环的作用有两个:一是平衡电解液体积;二是平衡钠离子含量。

在实际生产中,电解液体积由于电解液蒸发带走水,净化渣带走溶液以及抽出部分电解液制备碳酸镍等原因而造成电解液体积减小;同时电解液又会由于电解液净化时加入试剂以及返回洗渣水而带进水分,故生产中必须通过循环来调节电解液的总体积。

生产过程中造成电解液体积减小的原因有:电解液蒸发带走的水分、产出的渣带走的液体和抽出部分电解液制备碳酸镍;造成电解液体积膨胀的原因有:外来液进入电解体系及洗涤各种渣带来的水分等。在实际生产中,电解液体积膨胀的机会要比体积缩小的机会大得多,尤其是各种洗渣水,由于操作控制不当,会使电解液体积迅速膨胀。因此生产中必须严格控制各种渣的洗水量,并抽出部分电解液制备碳酸镍,以调节电解液总体积。

在生产中电解液应保持一定的钠离子浓度,以提高其导电性,但因净化时用碳酸钠溶液调节其 pH 值,这样会造成钠离子浓度增大,故必须定期排除钠盐。除钠盐的方法有两种:一是通过循环抽出部分电解液制造碳酸镍,沉淀碳酸镍后的溶液会有大量钠离子,弃去以除钠。二是通过循环抽出部分溶液进行冷却结晶以除钠。总之,排除钠离子是通过循环进行的,且前者应用较多。

注意事项:

(1)控制好电解液中的钠离子、氯离子、硫酸根离子、硼酸、有机物含量,特别是要注意防止电解液中镍离子的贫化。

(2)控制好净化后液的质量,净化后液的质量是影响电解析出的一个重要因素。

在圆筒过滤机过滤沉淀碳酸镍,过滤的碳酸镍仍含有钠 10g/L 左右。为了减少返回电解液的钠量,在圆筒过滤机上方安装热水洗钠装置,用 60℃ 的热水喷到碳酸镍滤饼表面,洗掉碳酸镍中的钠离子,洗涤后的碳酸镍钠含量可降至 2g/L,有利于钠离子平衡。

6.4.3.3　开停循环操作

开循环时，用循环泵将 $75m^3$ 新液返入高位槽中，待高位槽返满后再开启高位槽出口总阀门，并控制好溶液循环量（$380 \sim 420mL/$（$min \cdot$ 袋）），在高位槽的稳压作用下，均匀流入每个电解槽内。但生产中应注意循环泵不能开得过大，否则易造成冒罐，同时也不能开得太小，易把高位槽放空，造成循环不均匀或把高位槽底部的沉渣带入阴极室，影响电镍质量，所以生产中必须控制好循环泵流量。

停循环时，同时停循环泵和关闭高位槽出口总阀门即可。

注意事项：

（1）停循环要注意循环泵和高位槽出口总阀门是否关闭，防止溶液跑、冒。

（2）开循环时要注意检查循环系统的跑、冒、滴、漏情况，加强巡检。

6.4.4　电解液净化

6.4.4.1　确定电解液净化量

A　电解液净化量的计算方法

根据生产计划、电解开槽数及电流来调节溶液净化量。根据每吨电镍用新液量 $61m^3$、每天生产电镍的吨数来计算每天（班）溶液净化量。

例如：某镍电解车间 8 月份开生产槽 278 个，控制电流在 13500A，阴极电流效率 98%，每天通电时间为 23.5h，问每天（班）溶液净化量为多少？

每天产量为：$W = nIqt\delta = 278 \times 13500 \times 1.095 \times 23.5 \times 98\% \times 10^{-6} \approx 95t$

每天溶液净化量：$61m^3/t \times 95t = 5795m^3$

每班溶液净化量：$5795m^3 \div 3 = 1932m^3$

B　电解液浓度平衡

电解液浓度是指镍离子浓度和金属杂质在电解液中的含量。电解液浓度平衡主要是根据生产工艺而定，一般应遵循以下原则：

（1）准确控制电解液中的镍含量：电解液中镍离子浓度是正常进行电解沉积的基础。一般来说，电流效率随电解液中镍含量的增加而升高。若溶液中镍含量过低，会使阴极附近的镍离子浓度发生贫化现象，造成阴极上析出氢氧化镍。

（2）准确控制电解液酸度：电解液必须保持适当的酸度，在其他条件一定时，若酸度过低，硫酸镍会发生水解生成氢氧化镍，致使阴极镍呈海绵状态，并且促使电解液的导电性降低。但酸度过高，则会使电流效率显著下降，这是因为酸度增加，析出镍反溶加剧，氢在阴极上析出的可能性增大。

（3）准确控制电解液中氯离子和硫酸根离子浓度：在一定的电流密度下，必须保持与其相适应的并且相对稳定的氯离子和硫酸根离子含量。

（4）电解液中杂质含量须按技术条件进行控制。当电解液中 Fe、Co、Cu、Pb、Zn 等金属的离子含量较高时会影响电镍质量。

注意事项：

（1）电解液控制：Cl^- 70 ~ 80g/L，SO_4^{2-} 90 ~ 110g/L。

（2）电解液 pH 值控制在 4.5 ~ 5.0 范围内。

6.4.4.2 各种电解液净化方法的基本原理和工艺流程

A 常见除铁方法

（1）中和水解沉淀法。该法的实质就是利用各种金属离子的氧化还原电位的不同，生成氧化物的 pH 值及其溶度积等方面的差异，创造不同的技术条件以达到各自分离的目的。

表6-4 列出了镍、铁、钴等金属离子相应水化物的溶度积及水解 pH 值。从中可以看出，高价金属的水合物溶度积是很小的，就是在溶液中的溶解度也是极微的；同时还可看出，不同水化物之间的溶度积相差甚大。另外，低价金属离子的水化物水解 pH 值均比高价金属离子水化物的水解 pH 值高，而且相互间的差异也较大，因此可以利用上述特性将溶液中的低价金属离子氧化成高价离子，在不同的 pH 值条件下使其选择性地进行沉淀分离。

表6-4 镍、钴、铜、铁的水化物的溶度积

水 化 物	25℃时的溶度积（K_{sp}）	水 化 物	25℃时的溶度积（K_{sp}）
$Ni(OH)_2$	2×10^{-15}	$Co(OH)_2$	1.6×10^{-16}
$Cu(OH)_2$	2.2×10^{-20}	$Fe(OH)_2$	8.0×10^{-16}
$Co(OH)_3$	2.5×10^{-43}	$Fe(OH)_3$	4.0×10^{-38}

（2）黄钠铁矾法。对于溶液中铁的质量浓度在 1g/L 以上的溶液来说，采用中和水解法除铁是比较困难的，因为除铁渣量大、镍损失大，水解铁渣过滤性能很差，给液固分离工作带来困难，但此溶液若采用黄钠（或钾、铵）铁矾法除铁就有优越性。

由于黄钠铁矾法适用于处理高铁溶液，因此在镍电解系统中该法多用于处理铁、钴的水化物渣经酸溶后的含铁溶液。

黄钠铁矾法除铁的基本原理是在有 K^+、Na^+ 或 NH_4^+ 等离子存在的酸性硫酸盐或硫酸盐-氯化物的混合溶液中，在较高的温度条件下，Fe^{3+} 能与 K^+、Na^+ 或 NH_4^+ 生成一种黄色晶体的复盐（即黄钠铁矾）沉淀析出，其结构式为 $Me_2Fe_6(SO_4)_4(OH)_{12}$，式中 Me 可分别是 K^+、Na^+ 或 NH_4^+，其除铁过程的反应为：

$$3Fe_2(SO_4)_3 + 6H_2O + 6Na_2CO_3 =\!=\!= Na_2Fe_6(SO_4)_4(OH)_{12} \downarrow + 5Na_2SO_4 + 6CO_2 \uparrow$$

（3）氧化中和除铁。由于三价铁离子的化合物很容易水解沉淀，而亚铁离子又容易被氧化，故在镍的阳极液"三段净化"工艺中，常用空气中的氧气作氧化剂。当溶液中有镍离子存在时，对亚铁离子氧化反应有催化作用，所以一般将除铁放在第一段。

工业上常用的化学沉淀除铁法有赤铁矿法、针铁矿法、黄钠铁矾法及中和法四种。在镍电解阳极液净化中，除赤铁矿法外，其他三种方法不可能截然分开，而是不同程度地同时进行。当阳极液中含铁、酸均较低时，是以中和法为主。

除铁作业有连续和间断两种作业方式。大型镍电解厂，如金川集团公司采用连续作业；小型工厂则采用间断作业。连续净液方式质量稳定，设备生产能力大，是这一工艺发展的方向。

除铁过程包括亚铁离子被氧化和三价铁水解反应：

$$2Fe^{2+} + 1/2O_2 + 2H^+ \rightleftharpoons 2Fe^{3+} + H_2O \tag{1}$$

$$2Fe^{3+} + 6H_2O \rightleftharpoons 2Fe(OH)_3 \downarrow + 6H^+ \tag{2}$$

其总反应为：

$$2Fe^{2+} + 1/2O_2 + 5H_2O \rightleftharpoons 2Fe(OH)_3 \downarrow + 4H^+ \tag{3}$$

除铁过程有 H^+ 生成，须在鼓风的同时加入中和剂。金川公司为了避免过多的钠离子进入体系影响生产，以 $NiCO_3$ 做除铁中和剂：

$$4H^+ + 2NiCO_3 \rightleftharpoons 2Ni^{2+} + 2CO_2 \uparrow + 2H_2O \tag{4}$$

提高 pH 值可以加速除铁反应，但 pH 值过高会引起渣含镍升高。

溶液中有镍离子存在时，可以加速 Fe^{2+} 的氧化反应，这是因为镍离子在 Fe^{2+} 的氧化过程中起传递电子的作用：

$$2Cu^+ - 2e \rightleftharpoons 2Cu^{2+}$$

$$Cu^{2+} + Fe^{2+} \rightleftharpoons Cu^+ + Fe^{3+}$$

净化水解铁渣又可带走溶液中总镍量的 $1/3 \sim 2/5$ 的镍，减轻了除镍负担。

在除铁过程中，由于 Ni^{2+}、Co^{2+} 的电位较空气中的氧气的电位正，所以 Ni^{2+}、Co^{2+} 不会氧化，但部分 Ni^{2+} 会以复盐的形式水解沉淀：

$$3NiSO_4 + 4NiCO_3 + 4H_2O \longrightarrow 3NiSO_4 + 4Ni(OH)_2 \downarrow + 4CO_2 \uparrow$$

$Fe(OH)_3$ 具有很强的吸附性，在除铁过程中，一定量的锌能与 $Fe(OH)_3$ 产生共沉淀而被除去，同时部分镍也会水解沉淀：

$$3CuSO_4 + 2NiCO_3 + 2H_2O \longrightarrow CuSO_4 \cdot 2Cu(OH)_2 \downarrow + 2NiSO_4 + 2CO_2 \uparrow$$

反应温度和反应时间也对除铁过程有一定影响。提高溶液温度，可加速除铁反应，并能促使 $Ni(OH)_3$ 沉淀颗粒长大，有利于液固分离。除铁过程所需反应时间很短，但适当延长搅拌时间，可促使 $Fe(OH)_3$ 沉淀凝聚成较大的颗粒，有利于液固分离。金川公司净化除铁是在 5 个串联的 $75m^3$ 的帕丘卡式空气搅拌槽中完成的，其技术操作条件如表 6-5 所示。

表 6-5　净化除铁的技术操作条件

项　目	操作条件	项　目	操作条件
反应温度/℃	65 ~ 75	反应时间/h	1.5 ~ 2
终点 pH 值	3.5 ~ 4.0	除铁后液铁的质量浓度/g·L^{-1}	<0.01

B　常见除镍方法

（1）置换沉淀法。从热力学的观点看，任何金属均可被比其电负性低的金属所置换。铜的电极电位为 +0.34V，而镍、铁、钴的电极电位都小于0，远较铜负。因此，用镍、铁、钴等任何一种金属都可以从溶液中将 Cu^{2+} 置换出来。在镍电解系统中，为了达到除镍和补镍的双重目的，采用镍粉进行置换除镍：

$$Ni^0 + Cu^{2+} \rightleftharpoons Cu^0 + Ni^{2+}$$

生产中在使用一些活性较差的镍粉时，为了提高除镍的效果，则必须加入一些硫黄来加速除镍过程：

$$Cu^{2+} + S + Ni^0 \rightleftharpoons CuS + Ni^{2+}$$

影响镍粉除镍的一个重要条件是镍粉的粒度，为了增大镍粉的表面活性，无疑要求镍粉越细越好，但是最终决定镍粉粒度的因素还是取决于进行置换反应的方式，一般认为采用机械搅拌槽进行时，粒度越细越好，如采用流态化床沸腾除镍法时，则粒度反而不宜过细。我国镍电解厂还没有采用镍粉除镍的工业实践。金川镍钴研究院曾采用液相加压氢还原得到的镍粉进行除镍研究，所用镍粉含镍大于99.8%，粒度小于0.074mm。

研究结果表明，当镍粉用量为理论量的1.4倍时，除镍后液镍的质量浓度可降至0.4mg/L以下，除镍率达99%以上，降低了镍粉用量，除镍率明显下降，但可得到镍含量比较高的镍渣，在除镍过程中，加入硫黄粉可以提高镍粉的活性，镍粉用量即使降至理论量，也可以获得较好的除镍效果。

除镍反应时间与溶液残留镍量密切相关。如在相同条件下，反应10min，除镍率为86.6%；反应时间延长至20min，除镍率可提高至97%。在相同条件下，原液pH值较低，镍粉被溶解的可能性增大；原液pH值较高时，镍粉活性有所下降；原液pH值在2.0 ~ 2.5时，除镍效果较好。

20世纪50年代末研究成功用流态化置换槽代替机械搅拌槽除镍，取得了良好的效果，所用的镍粉是将NiO用炭粉还原而制得的，镍粉粒度较粗，活性较差，镍粉中镍含量为84.1%，铜含量为4.43%，其粒度如表6-6所示。

表6-6 镍粉粒度表

粒度/mm	+1.0	+0.5	+0.25	+0.15	+0.074	-0.055
含量/%	0.8	0.8	27.0	45.5	10.0	1.5

流态化置换槽是一个由四个不同断面的区段组成逐步向上扩大的容器。外壳为钢板焊制，内衬橡胶和耐酸砖。最下面的区段称为锥体，只衬橡胶，不衬耐酸砖，锥体可拆卸更换。锥体两侧有两根沿切线方向进液的供液管，溶液由此进入，从顶部溢流口排出。镍粉由安装在流态化置换槽槽盖上的加料装置给入。加料装置由料斗、带减速机的螺旋运输机和给料管组成，给料管长2m，管内装有搅拌器，镍粉经料斗、螺旋运输机进入给料管，被搅拌器压入溶液内，在流态化置换槽内，未净化的溶液自下而上地流动，镍粉逆向运动，由于置换槽各区段的断面不同，溶液在各区段的流速也不同，因而可使不同粒度的镍粉在不同的区段内都处于流态化状态。该槽的上部筒体直径最大处为沉降区段，当液流上升至沉降区段后，由于断面大，流速减慢，固体颗粒便沉降在该槽的中下部造成浓相区，促使镍粉与液流的接触面积大幅度增加，从而强化了反应。

通过试验，镍粉除镍技术操作条件如表6-7所示。

表6-7 镍粉除镍技术操作条件

项 目	单 位	技术操作条件	项 目	单 位	技术操作条件
镍粉实用量：镍粉理论用量		1.0	温 度	℃	80 ~ 85
硫磺用量	g/L	0.4	原液pH值		2 ~ 2.5
除镍时间	min	40			

采用以上技术操作条件，除镍率高于99.8%，除镍后液镍的质量浓度为3.5 ~ 5.0mg/L，镍渣含铜90%，含镍8%。

（2）硫化沉淀法。该方法也是一种传统方法，它利用各种金属硫化物沉淀的 pH 值的不同和各种金属硫化物溶度积的差异，在不同的 pH 值条件下实现镍杂分离的目的。表 6-8 和表 6-9 分别列出了沉淀金属硫化物的 pH 值及几种金属硫化物的溶度积。

表 6-8　沉淀金属硫化物的 pH 值

pH 值	被硫化氢所沉淀的金属
1	铜组：Cu, Ag, Hg, Pb, Bi, Cd 镍组：As, Ag, Pb, Se, Mo
2 ~ 3	Zn、Ti
5 ~ 6	Co、Ni
7	Mn、Fe

表 6-9　金属硫化物的溶度积

硫化物	颜色	溶度积	硫化物	颜色	溶度积
NiS	黑	2.0×10^{-26}	FeS	黑	6.3×10^{-18}
CoS	黑	2.0×10^{-25}	ZnS	白	1.2×10^{-23}
CuS	黑	2.0×10^{-48}	PbS	黑	8.0×10^{-28}

从表中可知，在镍电解液中的各种元素中，以镍的硫化物溶度积为最小，且与镍、钴等主金属硫化物的差别较大，故采用硫化沉淀法来分离镍，是比较可靠的方法。

硫化沉淀法一般以 H_2S 作沉淀剂，过程的 pH 值为 1.8 ~ 2.5，其反应为：

$$Cu^{2+} + H_2S \Longrightarrow CuS + 2H^+$$

在反应过程中，硫化氢气体能高度均匀地分散溶解于除铁后液中，这样 S^{2-} 能与 Cu^{2+} 有效、充分地均匀接触生成无数的 CuS 沉淀晶核，这些晶核在反应过程中通过自身的运动和扩散碰撞，吸附而长大，最终沉淀于底部达到渣液分离的目的。我国重庆冶炼厂采用 H_2S 除铜方法。

H_2S 气体一般由 Na_2S 溶液与稀 H_2SO_4 溶液反应产生，硫化氢气体通入溶液，溶液中的 Cu^{2+} 即与 H_2S 反应生成 CuS 沉淀，经过滤，铜被从溶液中除去。为防止硫化氢溢出，除镍在负压下操作，除铜过程的 pH 值控制在 2 以下，可抑制 Ni^{2+} 和 Co^{2+} 因沉淀而进入除镍渣中。除铜过程如表 6-10 所示。

表 6-10　除铜过程技术条件

项　目	控制条件	项　目	控制条件
除 Cu 过程溶液温度	>60℃	H_2S 发生器负压值	$0 ~ 3 \times 10^{-2}$ MPa
反应室负压值	$0 ~ 2.5 \times 10^{-2}$ MPa	H_2S 发生器温度	33 ~ 55℃
除 Cu 前液含 Cu	<1g/L	除 Cu 后液含 Cu	≤0.005g/L
Na_2S 溶液质量浓度	200 ~ 240g/L	H_2SO_4 浓度	55% ~ 57%

Na$_2$S 还可作沉镍剂，其反应机理与 H$_2$S 相同，但因会引起体系 Na^{2+} 的升高，故一般不采用。

(3) 镍精矿取代法。20 世纪 50 年代初出现了将二次镍精矿（或硫化镍残极加工磨细）加入电解液中进行除镍的方法。镍精矿取代法也是利用 CuS 与 NiS 之间巨大的溶度积差异，以二次镍精矿中的镍取代电解液中的镍，使 Cu^{2+} 生成 CuS 沉淀，该方法一直被金川公司所采用，其主要反应是：

$$Ni_3S_2 + Cu^{2+} === CuS + NiS \downarrow + 2Ni^{2+}$$

但是此反应进行缓慢，而且脱镍效率不高，为了提高脱铜效率，加快反应速度，在加入镍精矿的同时必须加入适量的硫黄（金川公司采用含硫 80% 左右的阳极泥代替硫黄）。其反应为：

$$Ni_3S_2 + 3Cu^{2+} + S === 3CuS \downarrow + 3Ni^{2+}$$

实践证明，在用镍精矿加入硫黄或阳极泥后，其除铜效率可提高 40% ~ 50%。

硫化镍精矿除镍工艺对含铜不太高的溶液效果较好。该工艺的优点是除镍操作时可提高溶液中镍离子浓度，且使用本厂自产的原料和副产物作置换剂，省去镍粉制备工序，既方便又经济。缺点是渣量大，除镍后液含铁量又有回升。

用硫化镍精矿添加少量阳极泥（含硫 80% 左右）净化除镍是在沸腾除镍槽中进行的，需净化的溶液自下而上呈螺旋式上升，镍精矿和阳极泥自上而下加入形成逆流运动。在沸腾槽的上部设有 ϕ5000mm 直径的沉降区，当液渣混合物上升到沉降区时，由于槽的断面增大，流速减慢，使部分颗粒向下沉淀，使沸腾槽的中下部造成浓相区，促使试剂和溶液之间的接触增加，因而强化了生产过程，缩短了反应时间。

用镍精矿加阳极泥除铜存在以下反应：

$$Ni_3S_2 + Cu^{2+} === Cu \downarrow + 2NiS \downarrow + Ni^{2+}$$
$$Ni_3S_2 + 2Cu^{2+} === Cu_2S \downarrow + NiS \downarrow + 2Ni^{2+}$$
$$Ni_3S_2 + 3Cu^{2+} + S === 3CuS \downarrow + 3Ni^{2+}$$
$$Ni（合金）+ Cu^{2+} === Cu \downarrow + Ni^{2+}$$

影响除镍反应速度的主要因素是温度和 pH 值。温度低于 30℃ 时，除铜效果将明显下降，较理想的反应温度是 80 ~ 85℃，此时除镍效果最佳。但由于加温设备、操作条件等限制，工业生产中一般控制溶液温度为 50 ~ 60℃，溶液 pH 值过高，达到 4 时，除镍反应速度明显下降，除镍很困难。pH 值降低，虽不影响除镍效果，但会增加下一步除钴工序时中和剂的消耗量，故需综合考虑。

另外，空气进入沸腾除镍槽内还会引起沉淀的镍被氧化而反溶，所以在除镍过程中要防止大量空气进入溶液。

镍精矿加阳极泥除铜的操作过程是：除铁后液用硫酸或盐酸调整 pH 值至 2.5 ~ 3.5，从流态化置换槽的锥体切线方向进入。溶液在置换槽内停留约 20min，温度 60 ~ 70℃，镍精矿的加入量为溶液镍含量的 3.5 ~ 4.0 倍，镍阳极泥量为镍精矿的 25%，镍精矿和阳极泥都从置换槽上部的给料管加入，除铜后液从沉淀区溢流而出，镍精矿加阳极泥除铜的技术条件如表 6-11 所示。

表 6-11　镍精矿加阳极泥除铜的技术条件

项　目	技术条件
反应槽数	2 个槽并联使用
除镍 pH 值	2.5 ~ 3.5
反应温度	60 ~ 70℃
镍精矿:溶液镍含量	(3.5 ~ 4.0):1
镍精矿:阳极泥	4:1
净液速度	100 ~ 160m^3/h
加料时间	每隔 15min 加料一次
除铜后液含 Cu	生产 Ni9990 电解镍时, $\rho_{Cu} \leqslant 0.003$g/L

C　常见除钴方法

（1）氯气氧化中和水解法。氯气的氧化性较氧气强，利用钴、镍的氧化还原电位和水解 pH 值的差异，可用氯气将 Co^{2+} 优先氧化成 Co^{3+}，并使 Co^{3+} 水解生成难溶的 $Co(OH)_3$ 沉淀，以达到除钴的目的，其反应为：

$$2CoSO_4 + Cl_2 + 6H_2O = 2Co(OH)_3\downarrow + 2H_2SO_4 + 2HCl$$

为了促进反应向右进行，在除钴氧化水解过程中，加碳酸镍（或 Na_2CO_3）中和反应所产生的酸：

$$2H_2SO_4 + 2HCl + 3NiCO_3 = 2NiSO_4 + NiCl_2 + 3CO_2\uparrow + 3H_2O$$

综合上述两个反应，则除钴过程总反应为：

$$2CoSO_4 + Cl_2 + 3NiCO_3 + 3H_2O = 2Co(OH)_3\downarrow + 2NiSO_4 + NiCl_2 + 3CO_2\uparrow$$

在除钴的同时，残留在溶液中的铁也会发生类似反应：

$$2FeSO_4 + Cl_2 + 3NiCO_3 + 3H_2O = 2Fe(OH)_3\downarrow + 2NiSO_4 + NiCl_2 + 3CO_2\uparrow$$

在除钴后期，当 pH 值提高到 4.5 ~ 5.0 时，溶液中的其他杂质如镍、锌、铅等也会水解沉淀：

$$ZnSO_4 + 2H_2O = Zn(OH)_2\downarrow + H_2SO_4$$
$$CuSO_4 + 2H_2O = Cu(OH)_2\downarrow + H_2SO_4$$
$$PbCl_2 + 2H_2O = Pb(OH)_2\downarrow + 2HCl$$

另外，部分还会被氧化成过氧化铅沉淀析出：

$$PbCl_2 + 2H_2O + Cl_2 = PbO_2\downarrow + 4HCl$$

除钴过程中虽然 Ni^{2+} 的氧化还原电位比 Co^{2+} 略高，但由于溶液中 Ni^{2+} 的浓度远远高于 Co^{2+} 的浓度，所以在 Co^{2+} 水解的同时，部分 Ni^{2+} 也相应地会发生与 Co^{2+} 相类似的反应：

$$2Ni(OH)_3 + Cl_2 + 3NiCO_3 + 3H_2O = 2Ni(OH)_3\downarrow + 2NiSO_4 + NiCl_2 + 3CO_2$$

无疑此反应将造成镍的损失，使钴渣镍含量升高，但又由于反应：

$$Ni(OH)_3 + CoSO_4 = Co(OH)_3\downarrow + NiSO_4$$

的产生，因此在一定程度上能减少部分镍的损失。

影响除钴效率的因素较多，其中较为主要的有：通氯气方式、过程 pH 值的控制及中和剂的使用。

　　镍电解液中钴的质量浓度较低，为 0.1~0.3g/L，所以用气态氯通入溶液中，氯气的利用率较低。氯气在溶液中的分散度影响除钴效率，氯气在溶液中分散得愈好则钴氧化得愈完全，故选择适宜的通氯方式具有重要意义。通氯方式有以下几种：

　　1）球室反应。此法是让氯气和溶液通过文丘里管混合后立即进入球室再进行反应，球室体积根据流量大小而定，为通过喷嘴的溶液充分接触创造了条件。

　　2）缸体闭路循环。在缸体外侧单独设一台泵和一条管路与缸体内溶液形成一闭路循环系统，氯气从泵的出口处通入，泵的管伸入到反应缸内液面以下，通氯气时将泵开动，使缸内溶液通过外循环管不停地循环，使氯气与溶液得以充分混合。

　　3）管道反应。加长氯气入口和除钴槽之间的管道，根据流量计算可加长到 80~100m，使氯气和溶液在这一段管道中充分混合，以提高氯气的利用率。金川集团公司正是采用此种方法，效果良好。

　　除钴过程中调整好 pH 值对提高除钴效率也很重要。除钴前液 pH 值一般调到 4.5~5.0，其目的在于中和其反应所产生的酸，使氯气尽可能被溶液完全吸收，使低价钴被氧化完全。如果净化前溶液 pH 值过低，将影响氯气的吸收，出现溶液通不进氯气的现象。通氯气后的溶液，其 pH 值一般维持在 3.5~4.0。反应终了时，为了使 Cu、Pb、Zn 等杂质进一步产生水解沉淀，仍需将 pH 值再提高到 4.5~5.0。净化除钴技术操作条件如表 6-12 所示。

表 6-12　净化除钴技术操作条件

项　目	单　位	技　术　条　件
反应温度	℃	60~70
通氯前溶液 pH 值		4.5~5.0
氧化还原电位	mV	1050~1100
除钴终点溶液 pH 值		4.5~5.0
除钴后液钴的质量浓度	g/L	生产 Ni9990 电解镍时： $\rho_{Co} \leqslant 0.02$ $\rho_{Cu} \leqslant 0.003$ $\rho_{Fe} \leqslant 0.004$ $\rho_{Zn} \leqslant 0.00035$ $\rho_{Pb} \leqslant 0.0003$ 生产 Ni9999 电解镍时： $\rho_{Co} \leqslant 0.001$ $\rho_{Cu} \leqslant 0.0003$ $\rho_{Fe} \leqslant 0.0003$ $\rho_{Zn} \leqslant 0.0003$ $\rho_{Pb} \leqslant 0.00007$

　　除钴是净化的最后一道工序，为了保证电解液的净化质量，溶液自管道反应器出来后，又进入 4 个串联的 $75m^3$ 的帕丘卡或空气搅拌槽中继续反应。

　　实际生产中，既要保证净化除钴质量，又要降低钴渣镍含量与材料消耗，因此必须控制好除钴通氯前溶液 pH 值和溶液的氧化还原电位。

（2）"黑镍"氧化水解法。由于 NiOOH 外观呈黑色，故称"黑镍"，它是镍的高价氢氧化物。镍的高价氢氧化物具有强氧化剂的特性，能使溶液中的二价钴离子氧化使之呈三价氢氧化钴沉淀除去，由于它的反应产物是镍离子，与所处理的溶液成分一致，不会污染所处理的溶液，对下一步镍电积工序也不会带来不良影响。此外，NiOOH 除钴还能同时除净溶液中的微量杂质，如镍、铁、锰、砷等，起到深度净化的作用。

NiOOH 的制备方法：从净化系统中抽出部分净化后液，加入 NaOH 沉淀出 $Ni(OH)_2$。将 $Ni(OH)_2$ 矿浆放入电解氧化槽内通入直流电，在阳极上发生 $Ni(OH)_2 = NiOOH + H^+ + e$ 氧化反应，产出黑镍。芬兰奥托昆普公司的哈贾伐尔塔精炼厂采用"黑镍"氧化水解除钴，是在两个容积为 $120m^3$ 的空气搅拌槽中以两段逆流方式进行的。在第一段净化除钴的过程中，溶液与已经部分起反应的 NiOOH 接触，溶液中的 50% 左右的钴发生沉淀。矿浆送自动压滤机过滤，滤渣经酸洗后送柯克拉钴厂回收钴，滤液送第二段净化除钴，第二段反应槽加入新的 NiOOH。

D　镍电解除微量铅锌方法

（1）共沉淀法。所谓共沉淀法，就是可溶性物质，被其他沉淀物质诱导，产生沉淀作用，共沉淀分为两种：吸附共沉淀和结晶共沉淀。结晶共沉淀也叫共晶沉淀法。在电解质溶液中，当有两种电解质共存，并且它们的晶格结构又相同时，则在适当的条件下，它们可以形成晶形结构相同的沉淀从溶液中一起沉淀下来，这种现象称为共晶共沉。采用共晶共沉淀法除杂质要考察所加试剂对下道工序的影响，镍钴冶炼中多采用吸附共沉淀除杂质。

在氯气氧化中和水解除钴过程中，钴被氧化的同时，铅和部分镍也被氧化，产生 PbO_2 和 $Ni(OH)_2$，形成共沉淀，被 $Ni(OH)_2$ 沉淀吸附而除去。另外，在氯气除钴过程中，将除钴终点 pH 值提高，锌也能与镍的水化物以同晶形共沉淀的方式从溶液中除去。用共沉淀法除铅锌工艺的优点是不增加工序，除铅锌与除钴在一个工序内完成。缺点是渣量大，渣含镍高。

（2）离子交换法。离子交换法是从含有有价金属的电解质溶液中提取金属的方法之一。在料液与离子交换剂（固态物质）接触过程中，离子交换剂上的活性离子以离子交换的形式，从溶液中吸附同符号的离子。吸附了离子的离子交换剂经水洗、淋洗剂洗涤后，吸附在离子交换剂上的欲提取的离子转入淋洗液中，离子交换剂经再生后供循环使用。

离子交换与吸附有某些相似之处，区别在于：离子交换是按化学计量置换，即离子交换剂对每个等量的被吸附离子要还给溶液一个等量的同符号的离子，而吸附则只是吸收溶质。离子交换剂有无机离子交换剂、离子交换树脂两大类。离子交换树脂是人工合成的、具有活性基因的三维交联不溶性有机高分子聚合物，一般由高分子部分、交联剂和官能团组成。交联的作用在于使聚合体（即骨架）在水溶液中成为具有不定期溶胀度的不溶性固体。官能团是决定树脂化学活性的主要组成部分，它是由固定基（如 $—SO_3^-$、$—COO^-$ 等）和带相反电荷的活动离子（即可交换离子，也称反离子，如 H^+）组成。固定基因牢牢地固定于惰性骨架上，不能活动。活动离子使树脂本身呈电中性，在发生离子反应时，可进行定向移动。

各种离子交换树脂都具有一定的交换容量，所以交换到一定的时候，树脂就达到"饱和"而不能再进行交换，此时树脂就必须进行洗脱"再生"。所谓再生即是将它吸附的离子洗下来，使树脂恢复其原来状态，返回使用。不难看出，交换树脂在交换过程中的作用是成为某些离子的暂时贮藏所，而树脂本身不起变化。

离子交换树脂的交换容量是离子交换树脂的一个重要特性。它是由制取树脂时引入的官能团的数量决定的。通常以单位数量（或单位体积）的树脂所能交换吸附离子的多少来表示。

离子交换过程主要包括两个阶段，即吸附（或交换）和解吸（洗脱再生）。

吸附（交换吸附）过程是离子交换过程的主要工序，待交换的原液以一定的流量进入交换柱，在柱内与树脂进行离子交换，交换后的溶液从交换柱出口流出，其出口液为被交换后的溶液，应定时取样分析。当出口液中需交换的离子达到饱和时，停止进液，树脂将进入洗脱再生。

树脂在洗脱再生前必须用清水或其他淋洗剂淋洗干净，以除去柱内树脂间夹带的溶液。淋洗剂只能淋洗柱内树脂间夹带的残余溶液，而不会使已被树脂吸附的金属离子洗脱下来。淋洗剂一般采用清水。

洗脱再生过程"饱和"树脂淋洗干净后，从柱内的进液处往柱内通入少量洗脱剂，将被树脂交换吸附上去的金属离子洗脱下来，待全部树脂得到再生后，再用纯水洗去柱中树脂间的残余洗脱剂，此时树脂又可进行下一轮的离子交换操作。洗脱下来的金属，按其交换的目的和金属的价值回收或弃去。

离子交换法是一种无渣新工艺，它不仅能较彻底地分离、提纯和富集金属，而且操作简单，易实现自动化，为改善劳动条件，提高金属回收率提供了条件。

高氯根溶液中，铅、锌能与 Cl^- 结合生成 $[ZnCl_4]^{2-}$、$[PbCl_4]^{2-}$ 配合阴离子，而镍不形成配合阴离子，采用阴离子交换树脂可将杂质铅、锌除去。国内在镍系统中采用离子交换除铅、锌工艺的有成都电冶厂、重庆冶炼厂，选用 701 树脂除铅，717 树脂除锌。

701 树脂是带有伯胺基团 $(RNH_3^+)^+$ 的弱碱性阴离子交换树脂，Pb^{2+} 在高 Cl^- 溶液中，形成 $[PbCl_4]^{2-}$ 配合阴离子，这种配合阴离子和转型后的 701 树脂上的阴离子 Cl^- 发生交换反应：

$$2RNH_3^+Cl + [PbCl_4]^{2-} === (RNH_3)_2PbCl_4 + 2[Cl^-]$$

而 Ni^{2+} 和 Cl^- 不形成配合阴离子，故不和树脂发生反应。吸附 $[PbCl_4]^{2-}$ 的饱和树脂经水或稀盐酸处理后，就可破坏 $[PbCl_4]^{2-}$ 存在的条件，即可将树脂吸附的铅洗脱下来，从而达到除铅的目的，树脂再生后可继续使用。701 树脂也能除锌，但酸度要求较高，其交换容量比 717 树脂小。

717 树脂是带季胺基团 (R_4N^+) 的强碱性阴离子交换树脂，它能吸附和交换溶液中带负电荷的离子，Zn^{2+} 在高 Cl^- 溶液中极易形成 $[ZnCl_4]^{2-}$ 配合阴离子，这种配合阴离子和转型后的 717 树脂上的阴离子（Cl^-）发生交换反应而被吸附在树脂上，从而降低了溶液中的锌含量，用水或酸反洗饱和的树脂，以达到除锌的目的。其反应为：

$$2R_4N^+Cl^- + [ZnCl_4]^{2-} === (R_4N)_2ZnCl_4 + 2[Cl^-]$$

吸附［$ZnCl_4$］$^{2-}$的树脂经水或稀盐酸再生后可继续使用。

在不同领域里，离子交换设备有共同性，是可以通用的，但是也有各自特殊的专用设备。

离子交换所用的设备，应确保固、液两相间物质的良好传递。离子交换设备一般可分为固定床、密实移动床、流化床三类。

（3）溶剂萃取法。萃取是指物质自水溶液中抽提到不与水相混溶的有机相的过程。溶剂萃取法与离子交换法相仿，是一种无渣新工艺，它具有操作简单、经济、高选择性及易实现自动控制的优点，因此目前萃取法作为一种有效的分离、提纯、净化和制取纯金属的手段，在湿法冶金中得到了日益广泛的应用。

萃取过程是在水相和有机相两相间进行的。水相是指含有金属离子的溶液，有机相是某种有机溶剂。有机溶剂能选择性地与溶液（水相）中的某种（或几种）金属离子反应，生成结合能力很强的有机金属配合物，这种配合物能溶于有机相而不溶于水相，从而使金属离子转移到有机相中以达到分离的目的。

从工艺过程来看，溶剂萃取法通常包括萃取和反萃取两个阶段。

萃取：互不相溶的水相和有机相在机械搅拌或脉冲方法的作用下分散成液滴而密切接触，在互相接触的过程中，水相中某种（或几种）金属离子与有机相形成有机金属配合物，由水相转移到有机相中去，然后两相因密度不同而自动分开，水相在下，有机相在上，分别流出。

反萃取：系萃取过程的逆过程，用少量的反萃取剂（即水相）将有机相中萃取上去的金属又抽提出来进入新水相，有机相返回萃取循环使用。含有金属离子的反萃取液（新水相）根据萃取过程的目的（分离、提纯、溶液净化等），进行下步的处理以回收反萃取液中的金属。

通过控制溶液的 pH 值等条件，可采用溶剂萃取法除铅锌。核工业部第五研究所研制的 P_{5709} 具有合成简单，价格低，可一次性除去高镍、高 pH 值的混酸体系溶液中的铅锌。P_{5709} 是一种磷类萃取剂，溶液中的杂质含量在较宽的范围内变化时，无需改变流程结构，调整工艺参数即可满足生产要求，因此萃取流程有很好的适应性。同时 P_{5709} 对杂质含量低、pH 值高的料液可采用萃取剂浓度（5%～7%）较低的有机相，酸度调整后就可送入萃取，不需制皂，从而省掉制钠皂、镍皂工序，简化了流程。P_{5709} 的界面现象也较好，萃取过程不产生第三相，分相迅速，无需添加任何添加剂。反萃性能很好，用 3mol/L 硫酸即可同时反萃 Ni、Co、Cu、Pb、Zn、Fe 等。P_{5709} 对各种金属离子的萃取是阳离子萃取，也有人认为 HA 成为双分子缔合物而存在。通常可以表示为：

$$n(HA)_2 + M^{n+} \Longrightarrow M(HA_2)_n + nH^+$$

式中　　HA——P_{5709}萃取剂；

　　　　M^{n+}——被萃取的金属离子；

　　　　H^+——氢离子。

P_{5709}对金属离子的萃取顺序为：

$$Fe^{3+} > Zn^{2+} > Fe^{2+} > Pb^{2+} > Cu^{2+} > Co^{2+} > Ca^{2+} > Mg^{2+} > Ni^{2+}$$

P_{5709} 的基本顺序类似 P_{507}，但对 Pb^{2+} 萃取能力比 P_{507} 要强，而对 Ca^{2+} 的萃取能力比 P_{507} 要弱，这对铅的净化和避免硫酸钙的沉淀都有利。Zn、Pb、Co、Cu 都在 Ni 之前，特别是 Zn、Pb 和 Ni 相距较远，因此可一次多级逆流共萃除去所有的杂质（Co、Cu、Fe、Pb、Zn）。

6.4.5　出装槽

6.4.5.1　阴、阳极的校正方法

阴、阳极的校正方法如下：

（1）放入电解槽的阴、阳极镍棒均为光棒机磨光表面、去掉镍棒表面的氧化层的干净镍棒。

（2）新的阴、阳极入槽后要重新校正阴、阳极的相对位置检查阳极吊耳高度，防止镍吊耳浸入阳极液中，打齐导电镍棒上的阳极吊耳。

（3）放入电解槽的始极片均为盐酸溶液处理、清水冲洗干净后的始极片，始极片放入隔膜内一定要求平直。下槽后第二天要将阴极取出进行平直校正工作，即"平板"操作。

（4）清理阴极吊耳及阴极镍棒表面上的氧化物，保证阴极镍棒和阴极吊耳之间的导电良好，清理槽帮母线的接触点。

6.4.5.2　掏槽、抽液

A　电解槽掏槽

硫化镍阳极在进行一定时间电解后，就会在其表面残留阳极泥，并有少部分阳极泥脱落沉入槽底，阳极泥率随阳极硫含量的多少而波动，在 20% ~ 22% 之间，硫化镍阳极的阳极泥率远高于粗镍阳极的阳极泥率。

为了防止电解槽底部由于阳极泥的堆积而使阳极泥和隔膜袋近于接触或接触，这时会造成阴极隔膜下部循环恶化，以及发生槽内局部阴、阳极短路，影响电流效率和电镍质量。一般根据电流的大小，电解槽在使用 4 ~ 6 个月要进行一次掏槽，清除沉入槽底的阳极泥。

掏槽时首先断掉进液，把阴、阳极吊出，用胶管将隔膜袋中溶液抽出，然后将隔膜袋拔出电解槽，同时将可重新利用的隔膜袋冲洗干净，以备开槽时重新使用，部分不能再用的老袋子进行回收。拔完袋子后，出装工可拔堵放掉槽内溶液，然后把槽内隔膜架吊出，隔膜架若有坏的要进行修复，以备开槽时使用，吊完隔膜架后吊车把小斗子吊入槽内，出装操作人员进入槽内用铁锹把阳极泥装满斗子，然后吊车吊出倒入阳极泥大斗内送阳极泥洗涤工序。

B　电解槽抽液

电解掏槽时，首先要抽掉隔膜袋内的溶液，才能顺利地把隔膜袋拔出，因此，抽液是掏槽前期的一项重要工作。抽液时先将长 2.5m、直径 25mm 的黑胶管全部插入袋内，待胶管灌满溶液后，操作人员用手堵住出液口一端，拉出黑胶管低于槽内液面的槽空外，利用虹吸原理将袋内溶液自行抽完，然后拔出袋子。掏槽时，若槽内有剩余溶液可拔堵放到电解槽下集液坑。

6.4.5.3　修补电解槽

硫化镍阳极电解主要设备为电解槽。电解槽壳体由钢筋混凝土制成，内衬防腐材料。

我国曾采用过的防腐衬里有：衬生漆麻布、耐酸瓷板、软聚氯乙烯塑料板、环氧树脂等。生漆麻布衬里的防腐蚀效果较好。但漆膜需要干燥的时间较长，生漆的毒性又较大，现在已较少采用。软聚氯乙烯塑料板衬里的防腐蚀效果也较好，但由于衬里面积大，焊缝质量不易保证。

目前采用较多的是环氧树脂，用它作衬里强度高、整体性好，防腐蚀性能良好，其施工方法为手工贴衬。防腐蚀效果主要取决于配方的选择、基层表面处理、环氧树脂布排列和树脂渗透程度、热处理条件是否合理等。金川施工的电解槽环氧树脂内衬，铺贴环氧树脂 5~7 层，使用寿命长达十余年。

电解槽（图 6-3）底部的防腐蚀衬里上，砌一层耐酸瓷砖以保护槽底部防腐蚀层。槽底设有一个放出口，用于排放阳极泥。电解槽安装在钢筋混凝土横梁上，槽底四角垫以绝缘板。

6.5　故障与处理

阴极析出物的质量要求如下：
（1）析出的电镍结构应致密，表面呈银白色；
（2）电镍表面不得有结晶或其他杂物；
（3）电镍表面气孔和疙瘩不允许超过技术指标要求。

6.5.1　气孔的产生及排除

在镍电解过程中，当阴极析出的氢气所形成的气泡粘着粉尘附在阴极表面的某一点时，气泡隔断了该处的电力线，使得该处的镍晶粒停止生长，最终形成空穴（气孔）。如果不及时排除这些气泡，那么电镍的气孔将会越来越严重，最终导致产品等级降低。造成气泡滞留在阴极表面而不能逸出的因素有以下几个：

（1）电解液中混有某些有机物（如煤油、机油、有机萃取剂等），使得阴极镍表面呈憎水性，致使气泡牢固地滞留在阴极表面。

（2）在低 pH 值（pH < 3）时，肉眼就能明显地看到阴极上有大量的气泡析出，但此时溶液黏度小，析出的氢气很快汇集成大气泡外逸，同时大量氢气的析出，对阴极表面的溶液滞留层起到一种搅拌作用，这也有利于气泡的外逸，故沉积物上未出现气孔。但当电解液 pH 值提高到 4.5 时，氢气的析出量减少，这对提高阴极电流效率是有利的，但氢气的析出量减少，使得小气泡汇集成大气泡的几率变小，溶液的黏度相应增加，不利于气泡的外逸，因此产生气孔的机会也相应增多。

消除气孔形成的措施有：提高电解液的温度，可降低溶液的黏度，增加离子的扩散，有利于气泡从阴极表面逸出；增大循环速度既防止阴极镍离子的贫化，也增加了溶液的流动，起到了搅拌作用，有利于气泡脱离阴极表面，避免了气孔的产生；控制电解液中有机物的含量。

6.5.2　电镍分层的产生及预防

成品电镍在剪板机上剪开时发现其断面不成整体，新沉积的镍与始极片之间，或沉积的镍与镍之间分层，有的夹层中还夹有电解液，严重时沉积物还会出现爆裂和卷曲现象。

电镍分层的原因有：

（1）始极片下槽前未处理干净，仍留有渣、灰尘或覆盖一层氧化膜，致使新沉积的镍不能与始极片很好地粘合而产生分层。

（2）电解过程中，由于电流提升过急或下降过大，在不同电流条件下镍层的内应力不同，因而不同电流条件下析出的镍会分层。

（3）电解过程中，阴极表面被污染，或由于供液条件改变使局部 pH 值过高，因此在阴极上产生氢氧化物或由于杂质的影响产生局部爆皮，也会导致夹层产生。

（4）当溶液中的有机物含量高或金属杂质铁、镍含量高或析氢严重，使得沉积物内应力增大而爆裂卷曲。

消除办法有：

（1）始极片下槽前，必须用酸洗或电腐蚀法处理，以去掉表面的氧化膜、脏物等；

（2）电流变化幅度不宜太大；

（3）稳定新液 pH 值，杜绝析氢和 $Ni(OH)_2$ 的产生。

6.5.3 阴极镍析出海绵镍的原因及处理措施

海绵镍的产生是由于隔膜袋破损后阳极液进入阴极室所致。当阳极液进入阴极区后，阴极反应过程变为镍与其他杂质离子共沉淀的过程，因此产生灰黑色疏松状阴极沉积物，其中以镍为主体。

预防措施：出现坏袋子立即更换，尤其在出装作业结束后，待有一定的液面差后方可离开。班中应随时巡检，对无液面差的袋子应做更换处理。

6.5.4 电解过程中的短路（烧板）

在镍电解槽中，阴极和阳极交替并列排放，每个阴极都处在两个阳极中间，若某个阴极接触不良，导电不好，在阳极高电势的拉动下，该阴极的极性将变为阳极，与相邻阳极成等势体，电位显著上升，导致镍板反溶，俗称"烧板"。出现此种情形时，阴极表现为电镍的底角变成圆角，电镍边部发黑，出现开裂。阳极接触不良的表现为与其相邻的电镍中央部位出现阳极板外轮廓状的黑色痕迹。

消除办法是：下阳极板和始极片时必须使用新导电棒；出装槽时擦拭各接触点；班中定时打火检查，及时发现接触不良之处。

6.5.5 疙瘩的产生及预防

疙瘩的产生及形成的原因：一是外来固体颗粒附着在阴极表面，经过电解沉积形成疙瘩。例如由于操作不认真致使阳极泥等落入阴极室，或新液过滤跑浑使溶液夹带渣，这些固体浮游粒子附在阴极表面上，经过电解覆盖一层镍后形成疙瘩。此种疙瘩为圆形或开花状，粒根较细，容易击落。二是由于某种原因在阴极室内局部生成的碱式盐或金属氧化物的游离颗粒黏附在阴极表面，使得阴极沉积物不均匀地形成疙瘩，此种疙瘩粒子呈片状分布，结合牢固不易击落。

电流密度局部过高，始极片尺寸大小不合格或由于阴、阳极未对正，使得边部电力线过于集中，电镍边部产生唇边形结粒而引起的疙瘩。

预防和处理措施：

（1）严格操作，阳极与阴极力求对正，极距要求均匀，接触点要求干净，出装槽时要防止阳极泥、结晶物等固体颗粒掉入阴极室内；

（2）新液严禁跑浑；

（3）选择适宜的电解技术条件及阴极尺寸；

（4）严格按技术条件操作，提板检查时发现结粒应及时打掉。

6.5.6　反析镍产生及预防

反析镍形成的条件是电镍处在 Cu^{2+} 浓度相对高的液相中，阴极断电或接触不良。其实质是负电性的镍将铜离子从其溶液中置换出来，反应式为：

$$Ni + Cu^{2+} \longrightarrow Ni^{2+} + Cu$$

置换出的镍附着在电镍表面，此种情况只有在长时间停电、断循环的条件下形成。因此，避免这种严重质量事故的措施还得从动力能源部门抓起；强化岗位操作也尤为重要。

氢氧化镍 $Ni(OH)_2$ 板的出现是由于电解液长时间不循环引起的。因为电解液长时间不循环后，阴极区 Ni^{2+} 浓度贫化，阴极过程变为镍与氢共析出的过程。由于氢气的析出，使阴极区 pH 值升高，从而促成了 $Ni(OH)_2$ 的形成。$Ni(OH)_2$ 吸附在阴极表面不仅破坏了其化学成分，同时物理结构也变差，表观质量也受影响，只能将产品等级降低。反析镍表现为浸泡在阴极室的电镍溶液上下翻动，且溶液变为浅绿色。提出阴极板后电镍两侧有浅绿色粗糙结晶物。

预防措施：定期检查各隔膜袋进液情况，保证循环畅通，流量稳定。

6.6　镍电解精炼技术条件

6.6.1　电解液的温度

正确控制镍电解液的温度，是改进电解过程技术经济指标，保证产品质量的重要因素。提高电解液温度可以降低电解液的黏度，减少电耗，加快离子扩散速度，减少电解过程的浓差极化及阴极附近的离子贫化现象，减少氢气和杂质离子在阴极上的析出而影响产品质量。

但温度过高，将加大溶液的蒸发量，不仅恶化了劳动条件，而且使溶液浓缩，阴极沉积物变粗；过高的温度增加了能源消耗，增加了成本。

6.6.2　电解液的循环

电解液循环的目的：一是不断补充阴极室内的镍离子，以满足电解沉积对镍离子的要求；二是促使阴极室内溶液流动，增加离子扩散，降低浓差极化。

电解液的循环速度与电流密度、电解液含镍离子浓度高低及电解液的温度等有关。

在电解液含镍离子浓度及温度不变的条件下，电流密度越高其电解液的循环速度越快。因此在不同的电流密度及不同的溶液成分条件下，电解液循环量应适当调整。电解液循环量过小，影响电镍质量；循环量过大，则加大材料消耗，使成本上升。因此，生产中控制适当的循环速度不仅防止阴极镍离子的贫化，同时也增加了溶液的流动，起到了搅拌作用，有利于气泡脱离阴极表面，避免了气孔的产生。一般阴极液循环速度控制为 380 ~ 420mL／（袋·min）。

6.6.3 极间距离

极间距是指电极之间的排列距离，简称极距，通常以同极距来表示，即两个相邻阳极板中心距离。相邻阴极与阳极中心距称异极距。极间距对电解过程的技术经济指标和产品质量都有影响。缩小极间距可以减小电解液阻力，降低槽电压，从而降低电耗。此外，还可以增加槽内极片数，提高设备的生产能力，增加产量。但过小的极间距给操作带来麻烦，电极粘袋及极间接触短路的可能增大，所以要综合多方面的因素来选择合适的极间距，一般控制极间距为 190mm。

6.6.4 电流密度

电流密度是指单位电极面积上通过的电流，其计算公式为：

$$D_K = I/S$$

式中　D_K——电流密度，A/m^2；

　　　I——电流，A；

　　　S——阴极（或阳极）的总面积，m^2。

由法拉第定律：

$$W = qIt$$

电流密度：

$$D_K = \frac{I}{S}$$

得出：

$$W = D_K Sqt$$

从而有：

$$t = \frac{W}{D_K Sq}$$

由以上分析看出，为了得到一定的阴极产物，其沉积时间与电流密度有关，两者成反比关系，所以提高电流密度是强化生产的有效手段。但是，过高的电流密度可使氢析出，导致产生疏松状沉积物。

6.7 镍电解精炼的主要技术经济指标

6.7.1 电流效率

在电解过程中电流效率包括阴极电流效率和阳极电流效率。

阴极电流效率是指在阴极上实际沉积的金属量与通过同一电量时理论沉积的金属量之比，在实际生产中，该值一般为 95% ~ 98%。

而阳极效率一般是指在可溶阳极电解过程中从阳极上溶解下来的金属量与通过同一电量时理论溶解的金属量之比。

　　在有色冶金过程中，由于阴极沉积物是车间的产品，因此在生产过程中所指的电流效率大多是指阴极电流效率。但在镍电解生产中由于溶液中镍离子不断贫化而需开专门的造液槽补充镍离子，此时计算造液效率，则需要使用阳极电流效率这一概念。

　　影响阴极电流效率的因素主要来自溶液的组成，在镍电解系统中镍、铁、钴是主要杂质，而这些金属杂质的电位均与镍相近或比其更正，因此它们在沉积过程中往往与镍同时甚至优先析出，这无疑将导致电流效率的下降，而溶液中的氢离子浓度是影响电流效率的主要因素，因为氢离子极易在阴极放电析出，氢离子在阴极放电将消耗相当大的一部分电流，这将使得阴极电流效率急骤下降。因此在镍电解过程中控制溶液中的氢离子浓度，也就是说选择合适的电解液 pH 值，有极其重要的意义。

　　此外，由于操作不当造成阴极穿破隔膜袋而发生阴极间短路的现象，这也必然会导致电流效率的下降。

　　阴极电流效率的计算根据前述定义，可由下式计算：

$$\eta_i = \frac{b}{Iq\tau} \times 100\%$$

式中　　η_i——电流效率，%；

　　　　b——阴极实际析出的金属量，g；

　　　　I——工作电流，A；

　　　　τ——阴极沉积时间，h；

　　　　q——电化当量，g/（A·h）。

6.7.2　槽电压

　　槽电压是指为促使两极进行电极反应，由外部电网施加于两极间的电压。此电压值是由外部电流通过两极到电解液，由两极之间的电解液和隔膜及各导线接点等处电阻所产生的电压所组成，因此在生产中采取办法降低上述各处的电阻值，对降低电能消耗将有积极的意义。

　　电解液的电压是槽电压的主要组成部分，它占槽电压的 65% 左右，调整电解液的组成可以改变电解液的内电阻，溶液中增加钠离子和氯离子及提高溶液的酸度可以使溶液的内电阻下降，提高电解液的温度也有利于提高溶液的电导率，降低槽电压。

　　在可溶阳极电解过程中，尤其是采用硫化镍阳极，其阳极的质量好坏及阳极操作对槽电压有极其重要的影响，一般要求阳极质量均匀（尤其是含硫高的阳极板），表面没有浮渣，这样才有利于阳极的均匀溶解。对于硫化镍阳极来说，阳极泥附着过厚将导致槽电压上升快，而控制残极率不低于 20%～22%，对稳定槽电压是有利的。

　　镍电解的阴极过程在由隔膜袋构成的阴极室内进行，不同的隔膜材质将带来不同的隔膜电阻，因此在选定合适的液面差后，在保持液面差的前提下，应尽量选择微孔较多的隔膜材质以利于降低隔膜电阻。

　　由各导线之间的接点电阻所产生的电压，如电极吊耳与导电棒之间，导电棒与槽帮母线之间的接触电阻的大小也将直接影响电压值。此电压值在槽电压的组成中占 5%～15%，因此定期清理各接点（保持良好的接触点，降低接触电压），严格执行电解槽上操作制度，将有助于降低槽电压。

6.7.3 其他指标

6.7.3.1 电能消耗

电能消耗是说明镍电解过程技术操作和经济效益两个方面最重要的指标之一。

电能消耗用 P 表示，是指电解过程中，为生产单位重量的金属所实际消耗的直流电能。

$$P = \frac{P_0}{W_0}$$

式中　P——实际生产的电解镍的电能消耗，$kg/kW \cdot h$；

　　P_0——生产电解镍所实际消耗的直流电能，$kW \cdot h$。

电解过程中直流电能的计算公式：

$$P_0 = IE_{槽} \, t \times 10^{-3}$$

式中　I——工作电流，A；

　　$E_{槽}$——电解槽的槽电压，V；

　　t——电解时间，h。

6.7.3.2 镍的回收率

在镍电解车间镍的回收率是一项综合性考核指标，它不仅反映了车间的技术水平及经济效益，而且也反映出车间的管理水平。镍电解车间的回收率可分为镍的总收率和镍的直收率两项指标。

所谓镍的总收率是指镍电解产出合格电解镍的镍含量与消耗的物料镍含量之比；它反映了镍电解过程中镍的回收程度，其计算公式如下：

$$\eta_{总} = \frac{W_{Ni}}{W_1 \pm W_2 - W_3} \times 100\%$$

式中　W_{Ni}——产出电解镍镍含量，g；

　　W_1——装入阳极镍含量，g；

　　W_2——初期、末期槽存阴、阳极及电解液镍含量的差额，g；

　　W_3——各种可回收物料的镍含量，g。

而镍的直收率是反映镍电解过程中直接产出合格电解镍镍含量的回收程度，它的计算公式是：

$$\eta_{直} = \frac{W_{Ni}}{W_1 \pm W_2} \times 100\%$$

对比上述两个计算公式，我们可看出总收率与直收率计算上的不同，即在于差一个可回收物料镍含量。

在管理较好的镍电解车间，其总收率一般可达到98%以上，因此只要加强管理，防止镍形成不可回收的损失（如含镍溶液外流、渗入地下等），总收率一般是可以保证的，但是直收率受各种可回收物料镍含量的影响，一般只有60%～75%；所谓"各种可回收物料"系指镍电解生产（包括净化工序）中所产出的残极、各种渣、阳极泥、海绵镍及各种含镍废料。这些物料中镍含量上升，无疑将使直收率大幅度下降，因此为了缩小 $\eta_{总}$ 与 $\eta_{直}$ 的差距，我们应尽量降低此值。

由此我们不难理解，降低残极率，降低镍、铁、钴渣及阳极泥、海绵镍的镍含量，减少各种含镍废料量将有助于直收率的提高。

复习思考题

6-1　镍电解目的和原理是什么？

6-2　镍电解使用的设备主要有哪些？

6-3　画出镍电解工艺流程图。

6-4　镍电解正常操作有哪些具体内容？

6-5　电解生产过程中故障如何判断及处理？

6-6　镍电解主要技术条件技术控制是怎样的？

6-7　镍电解精炼的主要技术经济指标有哪些？

7 银电解精炼技术

7.1 银电解精炼原理

用于银电解精炼的原料，有火法处理铜、铅阳极泥得到的金银合金（含银95%以上），阳极泥湿法处理得到的粗银，这些原料中金的含量不超过三分之一，如金含量过高，需配入银，以防电解时阳极钝化。电解时以金银合金为阳极，银片、不锈钢或钛片作为阴极，硝酸、硝酸银的水溶液作电解液，在电解槽中通以直流电，进行电解。通过电解，可使合金中的贱金属杂质、金及铂族金属与银分离，在阴极析出银粉。

银电解精炼过程，其电化学系统可表示为：

$$Ag（阴极）| AgNO_3，HNO_3，H_2O | Ag（阳极）$$

在直流电作用下，阳极银的电化学溶解：

$$Ag - e = Ag^+$$

阴极上发生析出银的反应：

$$Ag^+ + e = Ag$$

7.1.1 银电解过程的电极反应

7.1.1.1 阳极反应（氧化反应）

（1）在阳极上可能发生下列反应：

$$Ag - e = Ag^+，\quad \varphi（Ag^+/Ag）= +0V$$
$$Ag + 2HNO_3 = AgNO_3 + NO_2 + H_2O$$
$$Cu + 4HNO_3 = Cu（NO_3）_2 + 2NO_2 + 2H_2O$$

（2）阳极主反应：

$$Ag - e = Ag^+$$

阳极除了银的溶解外，其他金属杂质，如铜等贱金属，同时也被溶解进入溶液。银、铜金属在阳极上除了电化学溶解外，当硝酸浓度较高时，还有银、铜的化学溶解。

7.1.1.2 阴极反应（还原反应）

（1）在阴极上可能发生的反应：

$$2H^+ + 2e = H_2 \uparrow$$
$$NO_3^- + 2H^+ + e = NO_2 \uparrow + H_2O$$
$$NO_3^- + 3H^+ + 2e = HNO_2 \uparrow + H_2O$$
$$NO_3^- + 4H^+ + 3e = NO_2 \uparrow + 2H_2O$$

（2）阴极主反应：

$$Ag^+ + e = Ag$$

阴极上除发生析出银的反应外，还可能发生消耗电能和硝酸的下列 H^+、NO_3^- 放电等有害反应。由于发生这些副反应，常需要往电解液中补加硝酸。

银电解过程中，阳极上各金属元素的行为，与它们的电极电势和在电解液中的浓度有关。表 7-1 列出了与银电解有关的一些金属的标准电极电势。

表 7-1　一些金属的标准电极电势 （25℃）

元　素	电极反应	电势/V	元　素	电极反应	电势/V
锌	Zn^{2+}/Zn	− 0.76	砷	$HAsO_2/As$	+ 0.25
铁	Fe^{2+}/Fe	− 0.44	铜	Cu^{2+}/Cu	+ 0.34
镍	Ni^{2+}/Ni	− 0.25	铜	Cu^+/Cu	+ 0.52
锡	Sn^{2+}/Sn	− 0.14	银	Ag^+/Ag	+ 0.80
铅	Pb^{2+}/Pb	− 0.126	钯	Pd^{2+}/Pd	+ 0.82
氢	H^+/H_2	0	铂	Pt^{2+}/Pt	+ 1.20
锑	SbO^+/Sb	+ 0.21	金	Au^{3+}/Au	+ 1.50
铋	BiO^+/Bi	+ 0.32			

7.1.2　杂质在电解过程中的行为

银电解过程中，按照各种杂质金属的性质和行为的不同，可将它们分为：

（1）电极电势比银小的金属，如锌、铁、镍、锡、铅、砷。锌、铁、镍、砷在阳极合金板中的含量极微，对电解的影响不大。在电解过程中，它们以硝酸盐的形态进入电解液中，并逐渐积累使电解液遭受污染，且消耗硝酸。但是在一般情况下，它们不会影响电解银的质量。锡在阳极溶解后，随后水解为锡酸进入阳极泥。铅一部分进入溶液，另一部分被氧化为 PbO 进入阳极泥中，少数 PbO 则黏附于阳极板表面，较难脱落，因而当 PbO 较多时，会影响阳极的溶解。

（2）电极电势比银大的金属，如金和铂族金属。这些金属一般都不会溶解而是进入阳极泥，当含量很高时，会滞留于阳极表面，阻碍阳极银的溶解，甚至引起阳极的钝化，致使阳极电位升高，影响电解的正常进行。在这种情况下，有一部分铂、钯进入电解液中，尤其是钯的电极电位与银相近，更易进入银电解液中。部分钯进入电解液，是由于钯在阳极被氧化为 $PdO_2 \cdot nH_2O$，新生成的这种氧化物易溶于 HNO_3。铂亦有相似行为，特别是当采用较高的硝酸浓度、过高的电解温度和大的电流密度时，钯和铂进入溶液的量便会增加。由于钯的电势 （0.82V） 与银的 （0.8V） 相近，当钯在溶液中的浓度增大 （有人认为：15 ~ 50g/L） 时，会与银一起在阴极析出。

（3）不产生电化学反应的化合物。这类化合物通常含有 Ag、Se、Ag、Te、Cu 等。由于它们的电化学活性很小，电解时不发生变化，随着阳极的溶解而脱落进入阳极泥中。当阳极中存在金属硒时，在弱酸性电解质中，可与银一起溶解并在阴极析出。但在高酸度（保持在 1.5% 左右）溶液中，阳极中的硒不进入溶液。

（4）铜、铋、锑等贱金属杂质。这几种贱金属的电势比银的低，在电解时会发生电化学溶解，对电解的危害最大。

铋在电解过程中，一部分生成碱式盐 ［Bi（OH）$_2$NO$_3$］ 进入阳极泥，另一部分呈硝酸铋进入溶液。由于铋在银电解液的酸度范围内极易水解，在溶液中积累到一定量后，局部酸度的降低引起铋水解，导致夹杂在银粉中，形成海绵状的银粉，使电解银质量变坏。当电解液中铋含量高时，需在高酸度下电解，但产生较大的酸雾，恶化电解环境。

铜在阳极中的含量通常是最高的，常达2%或更多。电解过程中，铜优先在阳极溶解以硝酸铜形态进入溶液，使电解液的颜色变蓝。由于铜的电势比银的低一半以上，且在硝酸银溶液中，铜在阴极析出的浓度高，故在正常电解情况下，铜在阴极析出的可能性不大。但当出现浓差极化，或因电解液搅拌循环不良，银离子会下沉到电解液底部造成银铜之比为2:1时，铜会在阴极的上部析出，影响电解银的质量。阳极板中铜含量高时，会破坏银从阳极上溶解、在阴极上析出和在电解液中的平衡，这种关系可以用图

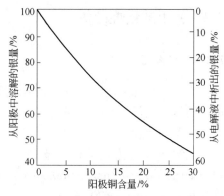

图 7-1 阳极含铜对银析出的影响

7-1 来说明。当阳极含铜5%时，阴极析出的银60%来自阳极溶解，其余来自电解液中的银离子，从而引起电解液中银离子浓度降低。使铜在阳极上电化学溶解，以 Cu^{2+} 形态进入电解液中，并且可能在阴极上有如下反应：

$$Cu^{2+} + e \longrightarrow Cu^+$$

一价铜离子的出现，不仅消耗电能，还可能产生铜粉：

$$2Cu^+ \longrightarrow Cu^{2+} + Cu$$

铜粉既可污染阳极泥，又可降低电解银质量，特别是当电解含铜高的阳极时，由于阴极只析出银，而阳极每溶解1g铜，阴极便相应地析出3.4g银，这就很容易造成电解液中银离子浓度的急剧下降，这时阴极就有析出铜的危险。故电解含铜高的阳极时，应经常抽出部分含铜高的电解液，补充部分硝酸银浓度高的溶液。但应当指出，在银电解过程中，电解液中保持一定浓度的铜也是有利的，因为铜能增大电解液的密度，降低银离子的沉降速度。

7.2 银电解工艺流程

银电解工艺流程如图7-2所示。

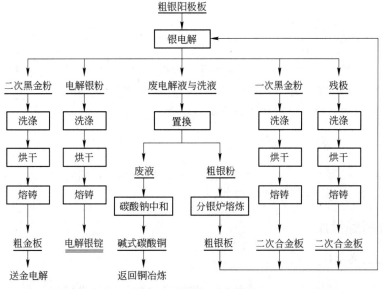

图 7-2 银电解工艺流程

7.3　银电解精炼设备

7.3.1　电解槽

银电解精炼采用的是直立式电解槽（图7-3），银电解的技术条件、操作及设备各个工厂大同小异，但也有的差别较大。

电解槽一般为钢筋混凝土或木槽制作，内衬塑料。槽的规格为 770mm × 960mm × 750mm，每槽有阴极片 6 片（370mm × 700mm）。

阳极板钻孔用银钩悬挂装于两层布袋中；阴极板用吊耳挂于紫铜棒上。

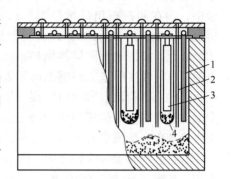

图 7-3　直立式银电解槽
1—阴极；2—搅拌棒；
3—阳极；4—隔膜袋

7.3.2　银电解车间的电路连接

电解槽的电路连接，一般采用复联法，即每个电解槽内的全部阳极（比阴极少一块）并列相连，全部阴极也并列相连，而槽与槽之间则为串联连接，如图2-3所示。

7.3.3　极板作业机组及其他设备

7.3.3.1　阳极制备设备

熔炼炉（或分银炉）：将处理铜、铅阳极泥所得的金银合金；氰化金泥经火法熔炼得到的合质金，配入适量银粉得到的金银合金；其他含银废料处理得到的粗银熔化。

浇铸包：盛装熔炼炉送来的熔融粗银，通过吊车运送到浇铸设备。

浇铸机：将熔炼炉产出的粗银熔体，经过流槽流入中间浇铸包，间断注入铸模中，经缓冷脱模产出成品阳极。

7.3.3.2　阴极制备设备

辊压纹机、剪板机、钉耳机：将电解阴极种板上制得的纯银片，经刷洗，过对辊压纹、剪切、钉耳、平压等工序，制作成始极片，作为生产槽的阴极。

银电解使用的阴极也可以采用不锈钢板或铝板。

7.3.3.3　电解液循环系统设备

电解液循环形式为下进上出，使用小型立式不锈钢泵抽送液体。

集液槽和高位槽为钢板槽，内衬塑料。

7.4　银电解精炼操作

7.4.1　极板加工及制作

浇铸银阳极前，需修补炉口和浇铸包，并烘烤加热，同时烘烤加热浇铸模。出炉时，银水浇入铸包，用吊车吊向浇铸模进行浇铸，需掌握好浇注速度，控制好银水温度。银阳极要求外形平整光滑，无飞边、毛刺。

制成的银阳极送成品工区。

将电解阴极种板上制得的纯银片，经刷洗，过对辊压纹、剪切、钉耳、平压等工序，制作成始极片，作为生产槽的阴极。

银电解使用的阴极也可以采用不锈钢板或铝板。

7.4.2 出装槽

电解槽以串联组合。阳极板钻孔用银钩悬挂装于两层布袋中，阴极纯银板用吊耳挂于紫铜棒或银棒上。阳极板在装槽前打平，去掉飞边、毛刺，钻孔挂钩，套上布袋，然后放入槽内。阴极也要平整、表面光滑。装完电极后，注入电解液。

当电解到20h以后，由于阳极不断溶解而缩小，且两极间阳极电流密度也逐渐增高，引起槽电压上升。当槽电压逐渐增高到3.5V时，电解完毕，此时应出槽。取出的电解银粉置于滤槽中用热水洗至溶液无绿色，烘干送铸锭。

7.4.3 电解银粉收集及处理

电解时，阴极电解银生长迅速，除搅拌棒搅拌碰断外，8h内还需用塑料刮刀把阴极上的电解银结晶刮落2~3次，以防短路。某厂为了克服手工出电解银粉的困难，将串联的一列电解槽下部连通，在槽底安装涤纶布无级输送带，随着输送带的转动，不断将降落在带上的电解银粉送到槽外的不锈钢料斗中。接通电路进行电解，定期开动搅拌设备。待电解析出一定数量电解银粉后，开动运输皮带将银粉运出槽外。

电解银粉用无 Cl^- 水洗涤、烘干后，送去熔化铸锭。阳极溶解至残缺不全后，取出更换新板，阳极袋中的阳极泥，定期取出，精心收集，洗涤、干燥后，再作处理。

7.4.4 残极及阳极泥处理

隔膜袋内的残极（残极率为4%~6%）和阳极泥（常称一次黑金粉）洗净烘干后熔铸成二次合金板再进行银电解，得到二次电解阳极泥（常称二次黑金粉）。二次黑金粉洗净烘干后，熔铸成粗金阳极板送金电解工段提金。

银电解一次阳极泥，约占阳极重量的8%，含金50%~70%，含银30%~40%，还有少量杂质。含银过高，不能直接铸成阳极电解提金，应除去过多银，提高金的品位。除银方法有两种，一种是用硝酸分离；另一种是进行第二次电解提银。

硝酸分离法：阳极泥加入硝酸，银溶解而金不溶解。液固分离后，溶液送去回收银，硝酸不溶渣含金品位提高，可达90%以上，熔铸成电解提金的阳极板。此法虽比较简单，但耗酸多，银的回收比较麻烦，一般已不使用。

第二次电解提银，是将第一次银电解的阳极泥熔铸成阳极板，再进行一次银电解，电解银粉质量仍然合格，但二次电解的阳极泥金含量大大提高，约为90%。二次电解提银不必另设一套设备，可在银电解槽中放入一部分由一次电解阳极泥铸成的阳极板即可，非常简便易行。为了防止这种阳极板中含金过高而影响阳极溶解，熔铸时可掺进一部分银粉以降低含金百分数。阳极泥色黑，含金高，故又称为黑金粉，第一次电解产出的阳极泥称一次黑金粉,第二次产出的则称二次黑金粉。

二次黑金粉产出量一般为二次阳极重量的 35%,金含量在 90% 以上,银含量为 6% ~ 8%,其余的为铜等杂质。将二次黑金粉熔铸成阳极板,送去进行金的电解精炼。

7.4.5　电解液循环操作

电解液循环的主要目的在于保持浓度、温度的均匀。每 4 ~ 6h 电解液更换一次,根据电解槽大小不同,其循环速度为 0.5 ~ 2L/min。

7.4.6　电解液的成分及温度调整

银电解液是由 $AgNO_3$、HNO_3 组成的水溶液。电解液中银的质量浓度为 30 ~ 150g/L,HNO_3 的质量浓度为 2 ~ 15g/L,铜的质量浓度可高达 40g/L。

游离硝酸改善电解液的导电性,但含量不能过高,因为过高会导致阴极银的化学溶解,同时放出 NO_2,并使 H^+ 浓度增高而放电。为了防止上述现象发生,使电解液导电性良好,应常往电解液中加入适量 KNO_3、$NaNO_3$。

电解液银离子浓度的高低,视电流密度及阳极品位而定。电流密度大,银离子浓度宜高,以保证阴极区有足够的银离子浓度。阳极品位低,即杂质多,银离子浓度宜高些,以抑制杂质离子在阴极析出。

7.4.7　电解废液和洗液处理

银电解液使用一段时间、杂质积累到一定程度后,需进行处理,处理电解废液和洗液的方法很多,现将几种在实际中获得应用的电解废液处理方法介绍如下。

(1) 硫酸净化法。对被铅、铋、锑污染的电解液可采用硫酸净化法处理。根据铅含量,往银电解液中加入生成硫酸铅所需的硫酸(不要过量)。经搅拌后静置,铅生成硫酸铅沉淀,再调节溶液 pH 值,铋水解生成碱式盐沉淀,锑亦水解生成沉淀。将沉淀过滤,滤液便可返回银电解。

(2) 铜置换法。将银电解废液和车间的各种洗液置于槽中,挂入铜片(或铜残极),用蒸汽直接加热至 80℃ 左右进行置换,银即被还原,置换作业一直进行到用氯离子检验不产生氯化银沉淀为止。产出银含量在 80% 以上的粗银粉,再熔炼成阳极板进行电解精炼。置换后的废液放入中和槽,热态下加入碳酸钠,搅拌中和至 pH = 7 ~ 8,产出碱式碳酸铜送铜冶炼。

(3) 加热分解法。此法是依据铜、银的硝酸盐分解温度的差异而制定的。硝酸铜在 170℃ 时开始分解,200℃ 时剧烈分解,250℃ 分解完全,而硝酸银在 440℃ 时才开始分解。利用这两种盐热分解温度的差异,将废电解液和洗液置于不锈钢罐中,加热浓缩结晶至糊状并冒气泡后,在 220 ~ 250℃ 恒温,使硝酸铜分解成氧化铜(电解液含有钯时,它也会分解)。当渣完全变黑和不再放出 NO_2 的黄烟时,分解过程即结束。产出的渣,加适量水于 100℃ 下浸出,使硝酸银结晶溶解。浸出进行两次,第一次得到银的质量浓度为 300 ~ 400g/L 浸出液,第二次得到银的质量浓度为 50g/L 左右的浸出液,均返回作电解液用。浸出渣成分一般为(%):Cu60,Ag1 ~ 10,Pd0.2,送进一步处理分离银钯。

(4) 沉淀法。向废电解液和洗水中加入食盐,使银呈氯化银沉淀。经加热后,氯化银凝聚成粗粒或块状，便于过滤回收。残液中的铜加铁屑置换，但铜的回收率通常不高。

7.4.8 电解液配制

配制硝酸银电解液，一般是使用含银 99.86% ~99.88% 以上的电解银粉或相近纯度的化学精炼银，将银粉置于耐酸瓷缸（或搪瓷釜）中，加适量水润湿银粉后，分批加入硝酸和水，在自热条件下使其溶解而制得。某厂生产中，每批造液时用银粉 40kg，配入工业纯硝酸 40 ~45kg，水 25 ~30kg。由于硝酸的强烈氧化，会放出大量的热和氧化氮。为避免反应过分强烈而造成溶液的外溢，硝酸采用小流量连续加入或间断小批量加入的办法。当可能出现外溢时，应立即加入适量冷水冷却。待加完硝酸和水，反应逐渐缓慢后，用不锈钢管插入缸内，直接通蒸汽加热并搅拌以加速溶解。银粉完全溶解后，继续通入蒸汽以赶除过量的硝酸。一次造液过程约需 4 ~5h，最后加水补充至 60L。溶液银的质量浓度约 600 ~700g/L，硝酸的质量浓度低于 50g/L。使用时，加水稀释至所需浓度，或直接按计量将溶液补充到电解过程中。

造液作业通常在通风柜中进行，产出的大量的氧化氮气体，经洗涤吸收后通过塑料烟囱排出。

国内外一些工厂，也有用含银较低的银粉或粗银合金板及各种不纯银原料造液的，但因杂质含量高，需经常更换电解液。

7.5 银电解精炼技术条件

7.5.1 电解液的温度

银电解多靠自热，电解液温度一般控制在 30 ~50℃。温度低，电解液的电阻大，电能消耗增加；温度高会使酸雾增加，使劳动条件变差，并会加速电解银的化学溶解。

7.5.2 电解液的循环

电解液循环的主要目的在于保持浓度、温度的均匀。每 4 ~6h 电解液更换一次，根据电解槽大小不同，其循环速度为 0.5 ~2L/min。

7.5.3 极间距离

同名极距（又称同极距，指同一电解槽中，相邻两片阳极或两片阴极中心线之间的距离）一般应大一些，以防止短路。同极距过大，会使槽电压升高，增加电能消耗。为防止阴极短路，同极距控制在 100 ~150mm，并用玻璃或塑料棒在阴、阳极之间不断搅动电解液。

7.5.4 电流密度

银电解精炼的电流密度应尽量大些，以提高产量，减少贵金属的积压。但电流密度过大也会降低析出银的质量。当阳极质量较高时，可采用较大的电流密度。为了缩短生产周期，电流密度为 250 ~300A/m^2。

7.6　银电解精炼的主要技术经济指标

7.6.1　电流效率

银电解精炼的电流效率通常是指阴极电流效率，为电解银的实际产量与按照法拉第定律计算的理论产量之比，以百分数来表示。引起阴极电流效率降低的因素较多，如电解的副反应、阴极银化学溶解、设备漏电以及极间短路等。

电流效率一般为92%～97%。

7.6.2　槽电压

槽电压是影响电解银电能消耗的重要因素，它比电流效率的影响尤为显著。操作或技术条件的控制稍有不当，槽电压就可能会上升百分之几十甚至成倍上升。

槽电压一般为1.5～2.5V。

7.6.3　其他指标

某厂采用如下电解工艺：电流密度250～300A/m^2，槽电压1.5～3.5V，液温自热（35～50℃）。电解液成分：Ag 80～100g/L；HNO_3 2～5g/L；Cu 低于50g/L。电解液循环速度0.8～1L/min，搅拌棒搅拌往复速度20～22次/min。阴极为0.7m×0.35m，厚3mm的纯银板。阳极金银含量之和在97%以上，其中金不大于33%。阳极周期34～38h，同极距135～140mm，电解银粉含银99.86%～99.88%。

复习思考题

7-1　银电解目的和原理是什么？

7-2　银电解使用的设备主要有哪些？

7-3　画出银电解工艺流程图。

7-4　银电解正常操作有哪些具体内容？

7-5　银电解主要技术条件技术控制是怎样的？

7-6　银电解精炼的主要技术经济指标有哪些？

8 金电解精炼技术

8.1 金电解精炼原理

金电解精炼原料为粗金、银电解二次黑金粉等，铸成含金在90%以上的阳极。电解精炼可产出国标1号或2号金。

金电解精炼的电解液，可用金的氯配合物水溶液，也可用氰配合物水溶液，但前者较安全，为各厂广泛使用。

粗金作阳极，纯金片作阴极，金的氯配合物和盐酸的混合液作电解液。

电解过程可以用下列电化学体系来表示：

$$Au（纯）\mid HCl，HAuCl_4，H_2O \mid Au（粗）$$

氯金酸是强酸，在水中完全电离：

$$HAuCl_4 \Longrightarrow H^+ + AuCl_4^-$$

而 $AuCl_4^-$ 配离子在溶液中极为稳定，下列反应的稳定常数（β）较大：

$$Au^{3+} + 4Cl^- \Longrightarrow AuCl_4^-$$

$\beta_4 = 2 \times 10^{21}$，因此，可以认为在氯化物溶液中金呈 $AuCl_4^-$ 状态存在。

8.1.1 金电解过程的电极反应

8.1.1.1 阳极反应（氧化反应）

（1）在阳极上可能发生下列反应：

在阳极，金发生电化学溶解：

$$Au + 4Cl^- - 3e \Longrightarrow AuCl_4^-，\varphi（AuCl_4^-/Au）= +1.0V$$

氯（Cl_2）、氧（O_2）析出的标准电极电势比金大

$$2\,Cl^- - 2e \Longrightarrow Cl_2\uparrow，\varphi（Cl_2/Cl^-）= +1.36V$$

$$2H_2O - 4e \Longrightarrow 4H^+ + O_2\uparrow，\varphi（O_2/H_2O）= +1.0V$$

阳极金溶解除生成 $AuCl_4^-$ 外，还可生成 $AuCl_2^-$：

$$Au + 2Cl^- - e \Longrightarrow AuCl_2^-，\varphi（AuCl_2^-/Au）= +1.13V$$

$AuCl_4^-$ 与 $AuCl_2^-$ 之间有如下平衡关系：

$$3AuCl_2^- \Longrightarrow AuCl_4^- + 2Au + 2Cl^-$$

（2）阳极主反应：

$$Au + 4Cl^- - 3e \Longrightarrow AuCl_4^-$$

8.1.1.2 阴极反应（还原反应）

（1）在阴极上可能发生的反应：

在阴极，$AuCl_4^-$ 被还原，其反应为：

$$AuCl_4^- + 3e === Au + 4Cl^-$$

电解液中还有 $AuCl_2^-$ 离子，故阴极上同时存在 $AuCl_2^-$ 的还原反应：

$$AuCl_2^- + e === Au + 2Cl^-$$

（2）阴极主反应：

在阴极，$AuCl_4^-$ 被还原，其主要反应为：

$$AuCl_4^- + 3e === Au + 4Cl^-$$

8.1.2　杂质在电解过程中的行为

　　阳极上的杂质金属，如银、铜、铅及铂族金属，凡电极电势比金小的，都可发生电化学溶解而进入电解液，只有铂族金属中的铑、钌、锇、铱等不溶解而进入阳极泥中。进入电解液中的杂质，有些因浓度不高，一般也不易在阴极上析出；有些（如 $PbCl_2$）在电液中的溶解度低而沉淀到阳极泥中；铜的浓度一般较高，有可能在阴极析出，影响电解金的质量，因此，阳极中的铜宜控制在不高于 2%；铂、钯进入溶液，在溶液中积累过多时，可在阴极与金同时析出，电解液中铂、钯最大允许质量浓度分别为 50g/L 和 15 g/L。

　　阳极中最有害成分是银。银的电性比金更负，易于在阳极电化学溶解。但银与盐酸很容易生成 AgCl，它难溶于电解液中，当银的含量不多时，可从阳极脱落，沉入阳极泥中；如银的含量大，则附着在阳极表面上，造成阳极钝化，使电解精炼难以进行。为了解决银的危害，金电解时，往电解槽中输入直流电的同时，也输入形成非对称性的脉冲电流。金电解时脉冲电流变化图如图 8-1 所示。一般要求交流电（I_A）比（I_D）大，其比值为 1.1 ~ 1.5，这样得到的脉冲电流（I），随着时间的变化，时而具有正值，时而具有负值。当达到峰值时，阳极上瞬间电流密度突增。此时，阳极上有大量气体析出，AgCl 膜即被气体所冲击，变疏松而脱落；当电流成负值时，电极的极性也发生瞬时变化，阳极变成阴极，则 AgCl 的形成受到抑制。使用脉冲电流，不仅可以克服 AgCl 的危害，还可以提高电流密度，从而减少金粉的形成，并且提高电解液的温度。

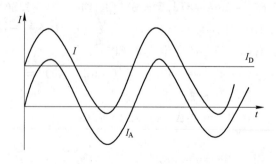

图 8-1　金电解时脉冲电流变化图

8.2 金电解精炼

8.2.1 金电解精炼工艺流程

金电解精炼工艺流程如图 8-2 所示。

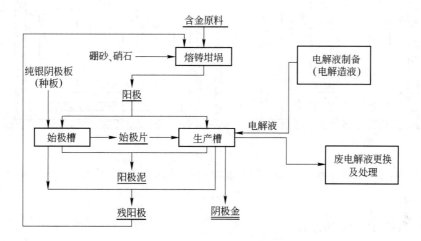

图 8-2 金电解精炼工艺流程图

8.2.2 金电解精炼的产品及处理

(1) 电金。出槽后的阴极金称为电金。先用水冲洗，去掉表面的电解液，收集洗液，电金送去铸锭。

(2) 残极。电解一定时间后，不能再继续电解的阳极，称为残极。残极取出后，精心洗刷，收集其表面的阳极泥后，送去与二次黑金粉一起熔铸成新的金阳极。

(3) 阳极泥。金电解精炼的阳极泥产出量为阳极重量的 20% ~ 25%，其成分含 90% ~ 99% AgCl，1% ~ 10% Au，通常将其返回再熔铸成金银合金阳极板供银电解。由于 AgCl 的熔点低（455℃），熔炼时容易挥发。为此，可将金电解阳极泥熔化后再用倾析法分离金，AgCl 渣加入碳酸钠和炭进行还原熔炼，铸成粗银阳极后送银电解，金返回铸金阳极。

(4) 电解废液。金电解精炼的电解液，铂、钯的质量浓度超过 50 ~ 60g/L 时，应送去回收铂、钯。但电解液中仍含有 250 ~ 300g/L 的金，在回收铂钯之前，应先将金回收。回收的办法有：加锌粉置换和加试剂还原法，多数工厂采用后一种方法。所用的还原剂为草酸或二氧化硫。回收金后的溶液再回收铂、钯。

8.3 金电解精炼设备

8.3.1 电解槽

金电解精炼用的电解槽，可用耐酸陶瓷方槽，也可用 10 ~ 20mm 厚的 PVC 塑料板焊接成的方槽。为了防止电解液漏损，在电解槽外再加保护套槽。槽结构尺寸如图 8-3 所示。

阳极板的吊钩用纯金制造，导电棒和导电排一般用纯银制成。

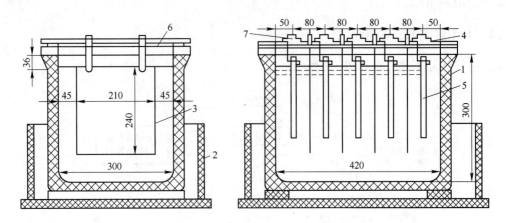

图 8-3　金电解槽

1—耐酸槽；2—塑料保护槽；3—阴极；4—阳极吊钩；5—粗金阳极；6—阴极导电棒；7—阳极导电棒

8.3.2　金电解车间的电路连接

电解槽的电路连接大多采用复联法，槽内的各电极并联装槽，槽间的电路串联相接。每个电解槽内的全部阳极并列相联，全部阴极也并列相联。电解槽的电流强度等于通过槽内各同名电极电流的总和，而槽电压等于槽内任何一对电极之间的电压。

图 2-3 为复联法的电解槽连接以及槽内电极排列示意图。图上所表示的每一槽组由四个电解槽组成，在这些电解槽中交替地悬挂着阳极和阴极。

8.4　金电解精炼操作

8.4.1　阴极片的制作

轧制法：纯金轧制成片，再剪切成阴极片。

电积法：银片作阴极，其表面涂层薄蜡，边缘涂厚蜡，采用低电流密度电积。当金电积层厚度达 0.3～0.5mm 时，取出阴极，剥下金片，再剪切制成阴极。

电解法：在与金电解相同或同一电解槽中进行。槽内装入粗金阳极和纯银极板（种板），电解液采用氯化金电解液。通电后，阳极不断溶解，并于阴极种板上析出纯金。经 4～5h 能在种板两面析出厚 0.1～0.5mm、重约 0.1kg 的金片。种板出槽后，经水洗、晾干后，剥下始极片，先在稀氨水中煮浸 34h 后水洗净，在于稀硝酸中用蒸汽（或外加热）浸煮 4h 左右，水洗净并烘干，然后剪切成规定尺寸的始极片和耳片，经钉耳、拍平供金电解使用。

8.4.2　阳极制备

电解前先将金原料（合质金或含银高原料脱银后）在石墨坩埚中熔炼，之后将熔融的原料浇铸于预先预热的铸模内。待阳极板冷凝后，撬开模子，趁热将板置于 5% 左右的稀盐酸溶液中浸泡 20～30min，除去表面杂质，洗净晾干后送金电解提纯。

8.4.3　电解液的制备

电解液制取方法有王水溶解法和隔膜电解法。

王水溶解法：将王水（$HCl : HNO_3 = 3 : 1$）与金片置于容器中加热至沸腾将金溶解，然后加盐酸赶硝。

隔膜电解法：即用粗金作阳极，纯金作阴极，以稀盐酸作电解液进行电解。电解装置如图 8-4 所示。

电解槽为陶瓷或塑料槽，阴极用素烧陶瓷坩埚作隔膜，槽中电解液以 $HCl : H_2O = 2 : 1$ 配成。坩埚中电解液用 $HCl : H_2O = 1 : 1$ 配成。坩埚内液面高于电解槽液面 $5 \sim 10mm$。通入脉冲电流，阳极粗金溶解，金以 $AuCl_4^-$ 进入阳极电解液（即电解槽中的电解液），由于受到坩埚隔膜的阻碍，$AuCl_4^-$ 不能进入阴极电解液（素烧陶瓷坩埚内的电解液）中，而 H^+、Cl^- 可以自由通过。因此，阴极上不会析出金，而只析出氢气，$AuCl_4^-$ 便在阳极液中积累。电解造液的条件：电流密度为 $2200 \sim 2300m^2/A$，槽电压 $3.5 \sim 4.5V$，交流电为直流电的 $2.2 \sim 2.5$ 倍，同极距 $100 \sim 120mm$，交流电压为 $5 \sim 7V$，液温 $40 \sim 60℃$。电解造液时，阴极析出氢气，经过 $44 \sim 48h$ 电解，最终阳极液中金的质量浓度为 $300 \sim 400g/L$，盐酸的质量浓度为 $250 \sim 300g/L$，溶液相对密度为 $1.38 \sim 1.42$。可利用此溶液配制成金电解精炼的电解液。

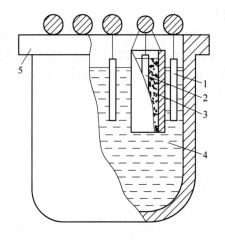

图 8-4　电解造液的隔膜电解槽装置
1—阳极；2—阴极；3—隔膜；4—电解液；5—电解槽

8.4.4　电解槽其他操作

在电解槽中，先注入配好的电解液，然后把套好布袋的阳极垂直挂入槽中，再依次相间挂入阴极片。槽内的两极并联；槽与槽之间为串联。电极挂好后，再调整电解液，使液面略低于阳极挂钩。送电后检查电路是否畅通，有无短路、断路现象，测量槽电压是否正常。待阴极析出金到一定厚度后，可取出换新的阴极片。阳极溶解到残缺不能再用时，应取出更换新极。阳极袋中的阳极泥，应精心收集回收其中的金银和铂族金属。

8.5　故障与处理

8.5.1　阳极钝化

阳极钝化的发生是由于阳极中含有某些离子和一些其他不溶物质，随着电解的进行，阳极中的铅便和电解液中的酸生成不溶的盐，这种化合物与其他不溶物组成复盐，紧密地覆盖着阳极的表面，阻碍电解液和阳极新鲜面的接触，就出现了阳极钝化现象。电解时间越长，这层覆盖物越厚，阳极钝化现象越严重。出现阳极钝化后，随之会出现以下不良现象：

（1）槽电压升高。

（2）随着槽电压的升高，阳极就会放出氯气（O_2 在金上的超电压高于 Cl_2，变得难析出，故 Cl_2 先析出），并且阳极停止继续溶解，电解过程中断。

阳极钝化现象是不希望发生的，阳极析出 Cl_2 导致电解液中金离子的贫化以及车间环境恶化。为了避免 Cl_2 的析出，电解液必须要有足够高的酸度和温度。而且阳极电流密度越高，电解液的酸度和温度应该越高。提高盐酸的浓度和温度，不但可消除金的钝化，而且可提高电解液的电导率。

在正常情况下氧气和氯气不会析出。但是，金电解时阳极往往发生钝化。当金转入钝化状态、电势升高达到一定程度时，氯气可以在阳极析出（O_2 在金上的超电压高于 Cl_2，变得难析出，故 Cl_2 先析出）。

钝化现象是不希望的，阳极析出 Cl_2 导致电解液中金离子的贫化以及车间环境恶化。为了避免 Cl_2 的析出，电解液必须要有足够高的酸度和温度。而且阳极电流密度越高，电解液的酸度和温度应该越高。提高盐酸的浓度和温度，不但可消除金的钝化，而且可提高电解液的导电率。

8.5.2　阳极金歧化反应

阳极金溶解除生成 $AuCl_4^-$ 外，还可生成 $AuCl_2^-$：

$$Au + 2Cl^- - e = AuCl_2^-, \quad \varphi\ (AuCl_2^-/Au)\ =\ +1.13V$$

$AuCl_4^-$ 与 $AuCl_2^-$ 之间有如下平衡关系：

$$3AuCl_2^- = AuCl_4^- + 2Au + 2Cl^-$$

但是这个歧化反应的平衡常数相当小，阴离子 $AuCl_2^-$ 的浓度相当高，与 $AuCl_4^-$ 的浓度相当。实际上阳极生成的 $AuCl_2^-$，浓度超过歧化反应的平衡值时，平衡向右移动，导致一部分金以金粉的形态落入阳极泥中，这是不希望发生的，故应尽量防止金粉生成，实践证明，降低电流密度，可以减少阳极泥中金粉含量。

8.5.3　电解过程中的短路（烧板）

粗金阳极板通常含4%~8%银，所以在正常电解过程中所生成的氯化银以阳极泥的形式布满在阳极表面，影响阳极的正常溶解和造成电解液的混浊，甚至还会使两极间产生短路。

阴极局部电流密度不均，造成局部尖端放电，形成尖形粒子，造成短路。

电解过程中，每8h就要刮除阳极板上的阳极泥1~2次。刮阳极泥时，先用导电棒使该电解槽短路，再轻轻提出阳极板，以免搅动阳极泥引起混浊或漂浮。用刮刀刮净阳极泥并用水冲洗后，再装入槽内继续电解。同时还要每8h检查1~2次阴极的析出情况。检查时不必短路，一块一块地提出阴极，检查金的析出情况并打掉阴极上的尖形粒子，以免发生短路。

8.5.4 电解过程杂质析出

电解过程中，有时会因溶液含酸低或因杂质的析出，而使阴极发黑，或因电解液密度过大和液温过低，产生极化，使阴极上部析出金和铜的绿色絮状盐类。严重时，绿色结晶布满整个阴极。此时，应根据情况或往溶液中加入盐酸，或部分或全部更换电解液。同时取出阴极，洗刷净绿色絮状结晶物后再入槽电解。但电压或电流过高时，阴极也会变黑。

8.6 金电解精炼技术条件

8.6.1 电解液的温度及成分

金电解液，一般 Au 的质量浓度为 250~350g/L，HCl 的质量浓度为 200~300g/L；在高电流密度作业时，金的浓度宜高些。电解液中铂不宜超过 50~55g/L；钯不宜超过 15g/L。液温约为 50℃，当采用高电流密度时，液温可高达 70℃。电解液不必加温，只靠电解时产生的热量即可达到要求温度。

8.6.2 电解液的搅拌及更换

电解液不循环，一般用小型真空泵或空气泵往电解液中吹风搅拌。

电解过程中，为防止含酸低或因杂质的析出，应根据情况或往液中加入盐酸，或部分或全部更换电解液。

8.6.3 极间距离

极间距离通常以同名电极（同为阳极或阴极）之间的距离来表示。极间距离对电解过程的技术经济指标以及电解金的质量，都有很大的影响。同极中心距的确定与极板的尺寸和加工精度等因素有关。

缩短极间距离，可以降低电解液电阻，即降低电压和电解金的直流电耗。极间距的缩短，可以增加电解槽内的极片数量，提高设备的生产效率。但是，极距的缩短会使极间的短路接触增多，引起电流效率下降；为了消除短路，必然消耗大量的劳动。因此，极间距的缩短是对阴、阳极板的加工精度和垂直悬挂度提出了更加严格的要求。

金电解的同极中心距一般为 80~120mm。

8.6.4 电流密度

电流密度应尽量高些，一般为 $700m^2/A$，国外厂也有的高达 $1300~1700m^2/A$。如采用高电流密度，宜提高阳极品位、电解液中金和盐酸的浓度。电流效率主要指直流电的电流效率，因金的析出是靠直流电的作用。一般工厂的阴极电流效率可达 95%。

某些工厂金电解精炼的主要工艺条件如表 8-1 所示。

表 8-1　某些工厂金电解精炼的主要工艺条件

项　目		工　厂		
		1	2	3
阳极含金/%		90	>88	96~98
电解液成分	Au/g·L^{-1}	250~300	250~350	250~350
	HCl/g·L^{-1}	250~300	150~300	200~300
电解液温度/℃		30~50	50~70	50~70
阴极电流密度/A·m^{-2}		200~250	500~700	450~500
极间距/mm		80~90	120	90
电流效率/%		95	—	>95
槽电压/V		0.2~0.3	0.1~0.8	0.4~0.6
残极率/%		20	—	15~20
阴极金品位/%		99.96	99.95	99.99

8.7　金电解精炼的主要技术经济指标

8.7.1　电流效率

金电解精炼的电流效率通常是指直流阴极电流效率，为电解金的实际产量与按照法拉第定律计算的理论产量之比，以百分数来表示。引起阴极电流效率降低的因素较多，如电解的副反应、设备漏电以及极间短路等。

电流效率一般为 95%。

8.7.2　槽电压

槽电压是影响电解金电能消耗的重要因素，它比电流效率的影响尤为显著。只要操作或技术条件的控制稍有不当，槽电压就可能会上升百分之几十甚至成倍上升。

槽电压一般为 0.3~0.4V。

8.7.3　其他指标

某厂采用如下电解工艺：电流密度 250~300A/m^2，槽电压 0.2~0.3V，交流电源 6~7V，直交流电比 1:(1.6~2.5)，电解液温度 30~50℃，电解液中 Au 的质量浓度为 250~350g/L，HCl 的质量浓度为 250~350g/L，阴极周期 80~100h，同极距 80~90mm，电解金粉含金大于 99.86%。

复习思考题

8-1　金电解目的和原理是什么？

8-2 金电解使用的设备主要有哪些?

8-3 画出金电解工艺流程图。

8-4 金电解正常操作有哪些具体内容?

8-5 金电解生产过程中故障如何判断及处理?

8-6 金电解主要技术条件技术控制是怎样的?

8-7 金电解精炼的主要技术经济指标有哪些?

9 阳极泥处理

在铜、铅、锑、铊、锡、镍等金属冶金过程中均产出含贵金属的副产品，其中铜、镍、铅、锑、锡等粗金属电解精炼过程产出阳极泥，阳极泥中的主要有价（值）金属为金、银，是提取金、银的原料。本章主要介绍铜、铅阳极泥的处理工艺。

9.1 铜电解和铅电解所产阳极泥的组成和性质

铜、铅两种常用金属均系产量大、冶炼的厂家多的重金属，且目前都主要用火法冶金方法生产，它们的精矿中所含的金、银等贵金属在火法冶金粗炼过程中几乎全部进入粗铜和粗铅进行电解精炼。

铜阳极泥和铅阳极泥主要是由在电解精炼过程中不发生电化学溶解反应的各种成分所组成。阳极泥的成分和产率，主要取决于阳极成分、铸造质量和电解的技术条件。一般铜电解阳极泥的产量为粗铜阳极板重量的 0.2% ~1%。铅电解阳极泥的产量比铜电解阳极泥稍高，通常为 0.9% ~1.8%。阳极泥中除含金、银等贵金属外，通常还含有 Se、Te、Pb、Cu、Sb、As、Bi、Ni、Fe、Sn、S 及机械夹杂的脉石如 SiO_2、Al_2O_3 等，其水含量在 35% ~40% 之间，铅阳极泥中 Sb、As 的含量比铜阳极泥高。

9.1.1 铜阳极泥的化学成分和物相组成

一些厂家产出的铜阳极泥化学成分如表 9-1 所示，物相组成如表 9-2 所示。金主要以金属形态存在，部分金形成硫化金或与银形成合金。银除呈金属态外，常与硒、碲结合，过剩的硒、碲也可与铜结合。铂族金属一般呈金属态或合金态存在。铜主要呈金属铜（阳极碎屑、阴极粒子和铜粉）和氧化铜、氧化亚铜的粉末存在，部分与硒、碲、硫结合，铜还与砷、锑的氧化物生成复盐；除此之外，还存在一定量的硫酸铜。铅主要以硫酸铅或硫化铅形态存在。表 9-3 为我国某厂铜阳极泥物相定量分析结果。

铜阳极泥经洗涤、筛分除去阳极碎屑和阴极粒子后，呈灰黑色，其粒度通常为 0.25 ~ 0.075mm（60 ~200 目），铜粉及氧化亚铜含量高时呈暗红色，杂铜阳极泥呈浅灰色。铜阳极在常温下相当稳定，氧化不显著，在没有空气的情况下不与稀硫酸和盐酸作用，但当存在氧化剂或空气的情况下，阳极泥中的铜会发生显著溶解。

在空气中加热铜阳极泥时，其中一些重金属会转变为相应的氧化物或它们的亚硒酸盐、亚碲酸盐，当温度较高时，硒和硫会形成 SeO_2、TeO_2 挥发。

将铜阳极泥与硫酸共热，则发生氧化及硫酸盐化反应，铜、银及其他贱金属形成相应的硫酸盐；金仍为金属态；硒、碲氧化成氧化物及硫酸盐，硒的硫酸盐随温度的升高可进一步分解成 SeO_2 挥发。

表 9-1 国内外一些厂家产出铜阳极泥化学成分 %

工厂	Au	Ag	Cu	Pb	Bi	Sb	As	Se	Te	Fe	Ni	Co	S	SiO₂
1厂（中国）	0.8	18.84	9.54	12.0	0.77	11.5	3.06		0.5		2.77	0.09		11.5
2厂（中国）	0.08	19.11	16.67	8.75	0.70	1.37	1.68	3.63	0.20	0.22				15.10
3厂（中国）	0.08	8.20	6.84	16.58	0.03	9.00	4.5			0.22	0.96	0.76		
4厂（中国）	0.10	9.43	6.96	13.58	0.32	8.73	2.6			0.87	1.28	0.08		
5厂（中国）	1.64	26.78	11.20	18.07						0.80				2.37
保利颠纳（瑞典）	1.27	9.35	40.0	10.0	0.8	1.5	0.8	21.0	1.0	0.04	0.50	0.02	3.6	0.30
诺兰达（加拿大）	1.97	10.53	45.80	1.00		0.81	0.33	28.42	3.83	0.40	0.23			
蒙特利尔（加拿大）	0.2~2	2.5~3	10~15	5~10	0.1~0.5	0.5~5	0.5~5	8~15	0.5~8		0.1~2			1~7
奥托昆普（芬兰）	0.43	7.34	11.02	2.62		0.04	0.7	4.33		0.60	45.21		2.32	2.25
佐贺关（日本）	1.01	9.10	27.3	7.01		0.91	2.27	12.00	2.36					
日立（日本）	0.445	15.95	13.79	19.20	0.4	2.62		4.33	0.52				6.55	1.55
津巴布韦	0.03	5.14	43.55	0.91	0.97	0.06	0.29	12.64	1.06	1.42	0.27	0.09		6.93
莫斯科（俄罗斯）	0.1	4.69	19.62		0.48			5.62	5.26		30.78			6.12
肯尼柯特（美国）	0.9	9.0	30.0	2.0		0.5	2.0	12.0	3.0					
拉里坦（美国）	0.28	53.68	12.26	3.58	0.45	6.76	5.42							
奥罗亚（秘鲁）	0.09	28.1	19.0	1.0	23.9	10.7	2.1	1.6	1.75					

表 9-2 铜阳极泥中各种元素的物相组成

元 素	主 要 物 相
Cu	Cu, Cu₂O, CuO, Cu₂S, CuSO₄, Cu₂Se, Cu₂Te, CuAgSe, CuCl₂
Pb	PbSO₄, PbSb₂O₆
Bi	Bi₂O₃, (BiO)₂SO₄
As	As₂O₃·H₂O, Cu₂O·As₂O₃, BiAsO₄, SbAsO₄
Sb	Sb₂O₃, (SbO)₂SO₄, Cu₂O·Sb₂O₃, BiAsO₄
S	Cu₂S
Fe	FeO, FeSO₄
Te	Ag₂Te, Cu₂Te, (Au, Ag)₂Te
Se	Ag₂Se, Cu₂Se
Au	Au, Au₂Te
Ag	Ag, Ag₂Se, Ag₂Te, AgCl, CuAgSe, (Au, Ag)₂Te
ΣPt	金属或合金状态（Pt, Pd）
Zn	ZnO
Ni	NiO
Sn	Sn(OH)₂SO₄, SnO₂

表 9-3　我国某厂铜阳极泥物相定量分析结果

元素	形态	含量/%	元素	形态	含量/%	元素	形态	含量/%
铜	金属铜	1.58	金①	单体金	2525.40	硒	元素硒	0.26
	硫酸铜	3.78		易溶性金	19.45		二氧化硒	0.012
	氧化铜	12.00		硒化金	49.96		硒化金等	0.051
	硒碲化铜	0.45		碲化金	597.15		硒化银等	4.37
	其他铜	0.16					硫酸盐	0.013
	总铜	17.97		总金	3191.96		总硒	4.71
铅	金属铅	0.18	银	金属银	0.015	碲	元素碲	1.47
	硫酸铅	3.68		硫化银	8.93		二氧化碲	1.91
	氧化铅	2.68		硒化银	0.85		碲化金等	0.61
	硫化铅	3.39		碲化银	0.023		碲化银等	1.70
				硫酸银	痕量		碲酸盐	0.53
	总铅	9.93		总银	9.82		总碲	6.22
砷	元素砷	0.08	锑	氧化锑	4.30	铋	金属铋	0.12
	硫化砷	1.56		硫化锑	1.25		氧化铋	2.33
	砷酸盐	3.12		锑酸盐	0.61		硫化铋	0.56
	总砷	4.76		总锑	6.16		总铋	3.01

① 金的含量以 g/t 计。

9.1.2　铅阳极泥的化学成分和物相组成

　　铅电解精炼时，大部分阳极泥黏附于阳极板表面，通过洗刷残极而收集；少部分因搅动或生产操作的影响从阳极板上脱落而沉于电解槽中。各个厂家因铅精矿成分和操作的不同，致使产出阳极泥成分变化较大。但在铅电解精炼中，金、银几乎全部进入阳极泥，砷、碲、铜、铋则部分或大部分进入阳极泥。国内外一些厂家产出的铅电解阳极泥的化学组成如表 9-4 所示。

　　对不同类型的铅阳极泥采用 X 射线衍射、激光分析和扫描电镜进行了研究，其物相组成结果如表 9-5 所示。其中银大部分与锑结合成 Ag_3Sb、$\varepsilon' - Ag - Sb$，少量以 AgCl 形式存在，金的嵌布极细。

　　由于铅电解精炼时，使用的是氟硅酸铅电解液体系，铅阳极泥中夹带大量的电解液，含铅极高，故铅阳极泥在处理前应充分洗涤，用离心过滤机或压滤机脱水，获得含水量约 30% 的铅阳极泥。铅阳极泥不稳定，在空气中堆存时会自动发生氧化并发热，温度可升至 70~80℃，堆放的时间越久氧化越充分。

表 9-4　国内外一些厂家产出的铅电解阳极泥化学组成　　　　　　　%

厂　名	Au	Ag	Pb	Cu	Bi	As	Sb	Sn	Te
1 厂（中国）	0.02~0.07	8~14	10~25	0.5~1.5	4~25	5~20	10~30		0.1~0.5
2 厂（中国）	0.001	5.01	17.45	1.17	2.0	19.5	16.93	6.0	0.05~0.31

厂 名	Au	Ag	Pb	Cu	Bi	As	Sb	Sn	Te
3厂（中国）	0.003	1.85	15.15	1.07	3.2	18.7	18.10	13.8	
4厂（中国）	0.02~0.045	8~10	6~10	2.0	10	25~30			0.1
5厂（中国）	0.025	2.63	8.81	1.32	5.53	0.67	54.3	0.38	
新居浜（日本）	0.2~0.4	0.1~0.15	5~10	4~6	10~20	25~35			
细仓（日本）	0.021	12.82	8.28	10.05			43.26	2.13	
特累尔（加拿大）	0.016	11.50	19.70	1.80	2.1	10.6	28.10	0.07	
奥罗亚（秘鲁）	0.11	9.5	15.60	1.6	20.6	4.6	33.0		0.74

9.2 铜阳极泥预处理脱除贱金属

现行铜阳极泥的处理工艺，通常可分为火法流程和湿法流程，但无论是采用火法处理还是湿法处理，均需预先脱除阳极泥中的贱金属杂质以便进一步富集贵金属。铜阳极泥的预处理一般包括焙烧脱硒、酸浸脱铜等过程。铜阳极泥的物相组成如表9-5所示。

表9-5 铜阳极泥的物相组成

金 属	金属物相及化合物
Ag	Ag，Ag_3Sb，$\varepsilon'-Ag-Sb$，AgCl，$Ag_ySb_{2-x}(O \cdot OH \cdot H_2O)_{6\sim7,x=0.5,y=1\sim2}$
Sb	Sb，Ag_3Sb，$Ag_ySb_{2-x}(O \cdot OH \cdot H_2O)_{6\sim7,x=0.5,y=1\sim2}$
As	As，As_2O_3，$Cu_{0.95}As_4$
Pb	Pb，PbO，PbFCl
Bi	Bi，Bi_2O_3，$PbBiO_4$
Cu	Cu，$Cu_{0.95}As_4$
Sn	Sn，SnO_2
其 他	SiO_2，$Al_2Si_2O_3(OH)_4$

9.2.1 焙烧脱硒

铜阳极泥中若硒含量较高，火法熔炼铜阳极泥时会在金属相与渣相之间形成硒锍（俗称硒冰铜）相。硒锍中银含量高，要回收其中的银需要延长氧化时间，另外硒分散于渣、锍和贵铅中，使硒的回收困难。因此，从铜阳极泥中回收硒均采用焙烧的方法预先脱硒，国内外常用的焙烧脱硒方法有硫酸盐化焙烧法和氧化焙烧法。

9.2.1.1 硫酸盐化焙烧法

我国铜阳极泥广泛采用硫酸盐化焙烧脱硒法，其目的是把硒氧化成挥发性的 SeO_2，进入吸收塔，在水溶液中转化为 H_2SeO_3，然后被炉气中的 SO_2 还原成硒；铜转化为可溶性的硫酸铜。

铜阳极泥硫酸盐化焙烧时，发生的主要反应为：

$$Cu + 2H_2SO_4 \Longrightarrow CuSO_4 + 2H_2O + SO_2$$

$$Cu_2S + 6H_2SO_4 \Longrightarrow 2CuSO_4 + 6H_2O + 5SO_2$$

$$2Ag + 2H_2SO_4 \Longrightarrow Ag_2SO_4 + 2H_2O + SO_2$$

阳极泥中的硒以硒化物（Cu、Se、Ag、Se）存在，这些硒化物比较稳定，但当它们与硫酸接触时，在低温（220 ~ 300℃）下，发生如下反应：

$$Ag_2Se + 3H_2SO_4 \Longrightarrow Ag_2SO_4 + SeSO_3 + SO_2 + 3H_2O$$

在高温（550 ~ 680℃）下，$SeSO_3$ 分解：

$$SeSO_3 + H_2SO_4 \Longrightarrow SeO_2 + 2SO_2 + H_2O$$

碲化物的反应为：

$$Ag_2Te + 3H_2SO_4 \Longrightarrow Ag_2SO_4 + TeSO_3 + SO_2 + 3H_2O$$

但在高温下，$TeSO_3$ 与硫酸反应生成不挥发的 $TeO_2 \cdot SO_2$：

$$2TeSO_3 + 3H_2SO_4 \Longrightarrow 2TeO_2 \cdot SO_3 + 4SO_2 + 3H_2O$$

以气体形式挥发出来的 SeO_2 与吸收塔中的 H_2O 作用生成亚硒酸：

$$SeO_2 + H_2O \Longrightarrow H_2SeO_3$$

硫酸盐化焙烧时，炉气中有 SO_2，此炉气进入吸收塔后 SO_2 将亚硒酸还原成粗硒。

$$H_2SeO_3 + 2SO_2 + H_2O \Longrightarrow Se + 2H_2SO_4$$

二氧化硒的升华温度为 315℃，温度越高，硒的挥发速度越快。为了不使二氧化碲一同挥发和防止硫酸铜（分解温度为 650℃）分解为氧化铜，硫酸盐化焙烧的温度通常控制在 450 ~ 550℃ 之间。

焙烧时，将铜阳极泥送入不锈钢混料槽中，按铜、银、硒、碲和硫酸进行化学反应计量的 130% ~ 140% 配加浓硫酸，机械搅拌成糊状，用加料机均匀地送入回转窑内进行硫酸盐化焙烧。回转窑用煤气或重油间接加热。

在窑内，进料端温度为 220 ~ 300℃，主要为炉料的干燥区；中部为 450 ~ 550℃，主要为硫酸盐化反应区；排料端为 600 ~ 680℃，硫酸盐化反应完全，SeO_2 挥发。窑内保持负压，进料端为 295 ~ 490Pa。物料在窑内停留 3h 左右，硒挥发率可达 93% ~ 97%，焙砂（脱硒渣）流入料斗，定时放出，渣含硒 0.1% ~ 0.3%。含 SeO_2 和 SO_2 的气体经进料端的出气管进入吸收塔。吸收塔分两组交换使用。每组 3 个串联的吸收塔为内衬铅铁塔，吸收塔的尺寸为 ϕ（1000 ~ 1200）mm × （600 ~ 800）mm，一般第一塔为 ϕ1200mm × 800mm，第二、三塔为 ϕ1000mm ×600mm。塔内装水，炉气中的 SeO_2 溶于水形成亚硒酸，被 SO_2 还原成粉状的元素硒。经水洗、干燥得到含量为 95% 左右的粗硒。第一塔吸收还原率为 85% 左右，第二塔 7% ~ 10%，第三塔 2% ~ 6%。塔液和洗液用铁置换至含硒低于 0.05g/L 后弃去，含硒置换渣返回窑内处理。

回转窑用 16mm 厚的锅炉钢板焊接制成，其构造如图 9-1 所示。尺寸为 ϕ750 mm × 10800mm。转速 65r/min，倾斜度不超过 2%，内壁无炉衬。为防止炉料粘壁，窑内装有 ϕ75mm 带耙齿的圆钢搅笼，翻动阳极泥。窑外用耐火砖砌一活室，采用煤气（或重油）外加热，即整个窑身设在燃烧室内。回转窑日处理铜阳极泥 1.5t 左右。窑和吸收塔用水环式真空泵保持负压。

焙烧后的阳极泥呈灰白色，硒挥发不完全时颜色发红，应返回再焙烧，焙烧后的阳极泥送酸浸脱铜。铜阳极泥硫酸盐化焙烧熔炼工艺流程见图 9-2。

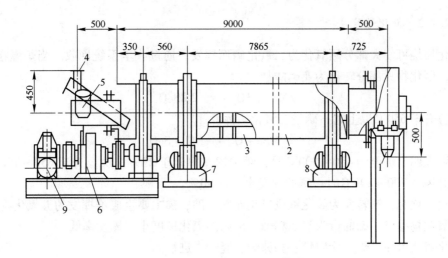

图 9-1 硫酸盐化焙烧回转窑

1—密封漏斗；2—窑身；3—滚齿；4—加料管；5—出气管；6—传动装置；7—前托轮；8—后托轮；9—电动机

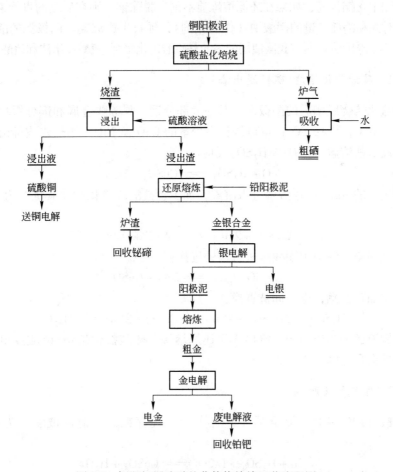

图 9-2 铜阳极泥硫酸盐化焙烧熔炼工艺流程图

9.2.1.2 氧化焙烧法

氧化焙烧可使大部分硒氧化为二氧化硒而挥发，通过收尘系统回收。当炉温在500℃以下时，硒化物大部分转化为亚硒酸盐：

$$2MSe + 3O_2 \Longrightarrow 2MSeO_3$$

炉温升至650℃以上时，硒呈二氧化硒挥发

$$MSe + O_2 \Longrightarrow M + SeO_2$$

实践表明，炉温为450~500℃时，硒的挥发率低于25%。炉温升至650~700℃，并在后期升温至700~800℃时，硒的挥发率可达90%。

氧化焙烧时，铜转变为氧化铜或氧化亚铜。砷、锑主要生成难挥发的五氧化物，少量生成三氧化物挥发。碲的行为与硒相似，但碲的氧化速度小，挥发率低。

氧化焙烧可在平炉、反射炉、马弗炉、竖炉中进行。

9.2.2 酸浸脱铜

铜阳极泥中含铜很高，如果在还原熔炼前不预先脱除铜，则在后续的贵铅氧化时，需要很长的氧化时间和消耗大量的硝酸钠（作氧化剂），延长生产周期。阳极泥的酸浸脱铜，各厂家均采用硫酸浸出法。而在我国使用较多的是硫酸盐化焙烧-硫酸浸出法和硫酸直接浸出法。

9.2.2.1 硫酸盐化焙烧-硫酸浸出法

经硫酸盐化焙烧脱硒后的阳极泥，其中大部分铜、镍等贱金属和部分银均氧化为可溶性的 $CuSO_4$、$NiSO_4$ 和 Ag_2SO_4，也可能存在少量的 CuO 及 NiO。用热水或稀硫酸溶液浸出时，可溶性硫酸盐溶解，CuO 与 H_2SO_4 反应：

$$CuO + H_2SO_4 \Longrightarrow CuSO_4 + H_2O$$

焙烧时生成的 Ag_2SO_4 也溶解进入溶液，加少量盐酸或氯化钠将其沉淀为 AgCl 进入浸出渣中：

$$Ag_2SO_4 + 2HCl \Longrightarrow 2AgCl + H_2SO_4$$

也可以从铜浸出液中用铜残极进行银的置换：

$$Ag_2SO_4 + Cu \Longrightarrow 2Ag + CuSO_4$$

浸出液中如存在硒，也一同被置换：

$$H_2SeO_3 + 2H_2SO_4 + 4Cu \Longrightarrow Cu_2Se + 2CuSO_4 + 3H_2O$$

酸性浸铜液送去制硫酸铜，浸出渣送还原熔炼。硫酸盐化焙烧-硫酸浸出法脱铜可将铜阳极泥中的铜含量降至3%以下。

9.2.2.2 空气氧化脱铜

在稀硫酸（10%~15%）介质中，有大量空气存在时，铜也被氧化为硫酸铜进入溶液：

$$Cu + H_2SO_4 + 1/2O_2 \Longrightarrow CuSO_4 + H_2O$$

若采用含有高价铁离子的铜电解废液作浸出液，或在浸出后期向浸出矿浆中加入硫酸高铁或其他氧化剂，则可以提高铜的浸出速度。

$$Cu + Fe_2(SO_4)_3 \Longrightarrow CuSO_4 + 2FeSO_4$$
$$2FeSO_4 + H_2SO_4 + 1/2O_2 \Longrightarrow Fe_2(SO_4)_3 + H_2O$$

为强化空气与矿浆的混合，可采用压缩空气通过空气喷嘴与矿浆接触雾化混合。此种方法阳极泥中的 Cu_2S 不溶解，铜的浸出率低，在铜阳极泥含铜高时可采用这种方法预脱铜。

铜阳极泥经焙烧脱硒和酸浸脱铜后得到的浸出渣、铅阳极泥，或二者混合后配入熔剂、还原剂进行熔炼。熔炼的目的是将阳极泥中的金、银富集成为金银铅合金，为进一步分离金、银作准备。

9.3 阳极泥熔炼和贵铅的氧化精炼

铜阳极泥经焙烧脱硒和酸浸脱铜后得到的浸出渣、铅阳极泥，或二者混合后配入熔剂、还原剂进行熔炼。熔炼的目的是将阳极泥中的金、银富集成为金银铅合金，为进一步分离金、银作准备。

9.3.1 熔炼贵铅

经脱硒脱铜后的铜阳极泥，或一般的铅阳极泥，其杂质主要以氧化物和盐类形式存在。这些氧化物，有酸性的，也有碱性或中性的，通过熔炼，有的杂质进入炉渣，有的挥发进入烟尘。阳极泥中的铅化合物在熔炼过程中被加大的焦炭粉还原成金属铅，铅熔体是金、银的良好捕集剂，金、银溶解在铅熔体中形成贵铅，即铅银金合金。因为贵铅中的铅是由阳极泥中铅氧化物还原而得到的，故此熔炼过程称为还原熔炼。

9.3.1.1 配料

配料可根据阳极泥的成分及所选渣型来确定应加入的熔剂品种和数量。

熔炼贵铅所用的熔剂，一般为苏打、萤石、石灰、石英，其配比视炉料而异。若熔炼时黏渣过多或炉结太厚，可适当增加苏打用量。此外，还原剂（如焦炭、铁屑）的加大量取决于渣中铜、镍等的含量，使炉内保持弱还原气氛，以免大量杂质被还原进入贵铅中，降低贵铅中金银的品位。

9.3.1.2 熔炼过程的化学反应

阳极泥与熔剂、还原剂均匀混合后，送入贵铅熔炼炉中。炉内保持 $-30 \sim -100Pa$ 操作，熔炼开始后，随着炉料开始熔化，发生铅还原和造渣反应：

$$2MO + C \Longrightarrow 2M + CO_2$$
$$MO + Fe \Longrightarrow M + FeO$$

氧化态的银发生分解或还原：

$$2Ag_2SeO_3 \Longrightarrow 4Ag + 2SeO_2 + O_2$$
$$2Ag_2SO_4 + 2Na_2CO_3 \Longrightarrow 4Ag + 2Na_2SO_4 + 2CO_2 + O_2$$
$$Ag_2SO_4 + C \Longrightarrow 2Ag + CO_2 + SO_2$$
$$Ag_2TeO_3 + 3C \Longrightarrow 2Ag + Te + 3CO$$

阳极泥中的金、银与被还原的铅及少量的碲、硒、铜形成贵铅，沉于炉底。炉料中的杂质与熔剂作用进行造渣，主要反应为：

$$Na_2CO_3 = Na_2O + CO_2$$
$$Na_2O + SiO_2 = Na_2O \cdot SiO_2$$
$$Na_2O + Sb_2O_5 = Na_2O \cdot Sb_2O_5$$
$$Na_2O + As_2O_5 = Na_2O \cdot As_2O_5$$

如果阳极泥中有较多的硫化物，则在熔炼过程中形成锍（主要由 FeS、PbS 和 CuS 组成），贵金属可溶解在锍相中，锍相处于炉渣相和贵铅相之间，妨碍新形成的贵铅下沉，导致贵金属的分散和损失。

9.3.1.3　熔炼产物

还原熔炼的产物有贵铅、炉渣、烟尘和硫。

全炉作业时间为 18~24h，贵铅的产出率为 30%~40%。典型的贵铅化学成分（%）为：Au 0.2~4，Ag 25~60，Bi 10~25，Te 0.2~2.0，Pb 15~30，As 3~10，Sb 5~15，Cu 1~3。

初期形成的炉渣，流动性好，称为稀渣。稀渣产出率为：25%~35%，含金低于0.001%，银低于 0.2%，铅 15%~45%，返回铅冶炼系统。

后期渣，黏度、密度较大，含金为 0.05%~0.1%，银 3.5%~5%。渣的其他成分主要是铅、砷、锑的化合物，还有一些铜、铋、铁和锌的氧化物。后期渣含金、银较高，返回下炉还原熔炼。

烟气收尘后放空，烟尘回收砷、锑的原料。

9.3.1.4　熔炼实践

炼贵铅的炉子，现多数采用转炉。转炉操作较方便、劳动条件较好、炉子的寿命较长，金银损失于炉衬中的数量较少。

转炉用 16mm 锅炉钢板做外壳，炉子尺寸一般为 ϕ (1200~2500)mm × (1800~4500)mm，转炉的构造如图 9-3 所示。炉子尺寸为 ϕ 2400mm × 4200mm 的炉床面积为 5.5m^2，出烟口 600 mm × 520mm。每 24h 炉床能力为 1.0~1.2t/m^2。

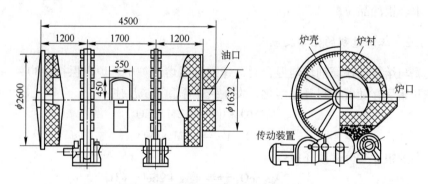

图 9-3　熔炼贵铅用转炉构造示意图

炉底用镁砂粉、耐火土、焦粉混合物垫高 40mm，全炉径向砌一层立式镁砖，砖与炉壳之间垫两层石棉板，炉寿命达 200 炉次以上。

新砌筑的转炉或修理后及停炉再生产的转炉，在使用前均需烤炉，以保护炉内砌体，延长炉龄。新砌的转炉（全部换砖）需烤炉170h左右。开始用木炭缓慢烘烤24h，逐渐使炉温升至200℃，保温16h；再以8℃/h的升温速度烘烤至1200℃，然后保温8h。部分中修的转炉需烘烤3天。停炉再生产的转炉根据炉内是否有余热决定烤炉时间，一般需烤炉32～48h，使炉温升至1200℃。

烤炉后，对新砌的转炉还需进行洗炉，即往炉内加入废铅或氧化铅烟尘（同时配以焦炭粉、苏打、萤石等熔剂），使炉内砖缝充满铅。洗炉可提高金、银回收率，其时间常为24h，炉温在1000℃左右，并30min转动转炉一次，以保证熔池液面以下的砖缝充满铅。

熔炼作业分加料、熔化、放渣、放贵铅等步骤。

把配好的炉料一批或分批加入炉内，加料时炉温不宜过高，以700～800℃为宜。加料完毕，升温熔化，炉温升至1200～1300℃。熔化时间约需12h。熔化时宜用铁管往熔体中鼓入空气，这样既翻动了炉料，又促进了氧化造渣。

造渣完毕，静置沉淀2h，然后放渣，放渣时炉温宜保持在1200℃左右，并徐徐转动炉子，使浮渣从炉口注入渣车中。放渣操作一般分两次，即先放稀渣，然后再加热熔池，进行氧化精炼，再次造渣。此次造成的炉渣，黏度较大，密度也大，易夹金、银，所以放渣应特别小心。最后在贵铅表面，残留一层干渣，难以放尽，宜用耙子精心扒出。干渣扒尽后，即可出炉。

所谓出炉，是把贵铅熔体从炉内放出，铸成贵铅块，出炉温度应保持在800℃左右。

9.3.2 贵铅的氧化精炼

还原熔炼得到的贵铅，金、银的含量一般在35%～60%之间，其余为铅、铜、砷、锑、铋等杂质。

氧化精炼的目的是将贵铅中杂质氧化造渣除去，得到金、银总量高于95%，适合于银电解的金银合金板。

9.3.2.1 氧化精炼的化学反应

氧化精炼是在高于主体金属（铅）氧化物熔点的温度下进行的，并加入熔剂和氧化剂，使绝大部分杂质氧化成不溶于金银合金熔体的氧化物，进入烟尘或炉渣除去。

在贵铅氧化精炼过程中，各种杂质金属的氧化顺序为锑、砷、铅、铋、镍、硒、碲、铜。吹炼开始时，贵铅中的砷、锑大部分生成易挥发的三氧化物，呈烟气逸出：

$$4As + 3O_2 == 2As_2O_3$$
$$4Sb + 3O_2 == 2Sb_2O_3$$

此时，也有部分铅开始氧化，但生成的氧化铅除小部分挥发外，大部分又被砷、锑还原为金属铅：

$$2As + 3PbO == As_2O_3 + 3Pb$$
$$2Sb + 3PbO == Sb_2O_3 + 3Pb$$

低价的砷、锑氧化物和少部分PbO一同挥发进入烟气，经布袋收尘后得到烟尘。砷、锑及低价氧化物可与碱性氧化物如PbO、Na_2O反应，生成亚砷酸盐和亚锑酸盐而造渣：

$$As_2O_3 + 3PbO == 3PbO \cdot As_2O_3$$
$$Sb_2O_3 + 3PbO == 3PbO \cdot Sb_2O_3$$

$$2As + 6PbO \xlongequal{\hspace{1cm}} 3PbO \cdot As_2O_3 + 3Pb$$

$$2Sb + 6PbO \xlongequal{\hspace{1cm}} 3PbO \cdot Sb_2O_3 + 3Pb$$

$$3PbO + Sb_2O_5 \xlongequal{\hspace{1cm}} 3PbO \cdot Sb_2O_5$$

$$3PbO + As_2O_5 \xlongequal{\hspace{1cm}} 3PbO \cdot As_2O_5$$

由于 As_2O_3 及 As_2O_5 较易与 PbO 及 Na_2O 反应，所以多数的砷以亚砷酸盐或砷酸盐形态进入渣相，而锑则多数挥发进入炉气。

铋、硒、碲、铜是较难氧化的金属，当砷、锑、铅基本氧化除去后，再继续氧化精炼，铋会发生氧化：

$$4Bi + 3O_2 \xlongequal{\hspace{1cm}} 2Bi_2O_3$$

Bi_2O_3 的沸点高达 1980℃，不易挥发，但由于存在氧化铅，大部分 Bi_2O_3 与 PbO 生成低熔点稀渣。稀渣流动性好，呈亮黄色覆盖在熔池面上，经沉淀降低金银含量后可作为回收铋的原料。当炉内合金含量达到 w（Au + Ag）≥80% 以上时，即可加入贵铅量 3% ~ 5% 的碳酸钠（苏打）和 1% ~ 3% 硝酸钠（硝石），用人工激烈搅拌，使硒、碲及铜、铋等贱金属（M）发生氧化，其中氧化生成的硒和碲的二氧化物，呈酸性，与苏打发生反应形成亚硒酸和亚碲酸的钠盐，其反应分别如下：

$$2NaNO_3 \xlongequal{\hspace{1cm}} Na_2O + 2NO_2 + [O]$$

$$MTe + 3[O] \xlongequal{\hspace{1cm}} MO + TeO_2$$

$$TeO_2 + Na_2CO_3 \xlongequal{\hspace{1cm}} Na_2TeO_3 + CO_2$$

$$MSe + 3[O] \xlongequal{\hspace{1cm}} MO + SeO_2$$

$$SeO_2 + Na_2CO_3 \xlongequal{\hspace{1cm}} Na_2SeO_3 + CO_2$$

加入苏打和硝石造出的渣称苏打渣或碲渣，是回收硒、碲的原料。硒、碲氧化造渣后，铜被大量氧化：

$$4Cu + [O] \xlongequal{\hspace{1cm}} 2Cu_2O$$

通过加硝石产生原子态的氧来氧化铜等难氧化杂质的过程，通常称为清合金。清合金结束后，所得到的合金金银含量可达 95% 以上。

9.3.2.2　氧化精炼实践

氧化精炼炉又称分银炉，其结构与贵铅熔炼的转炉相同，只是尺寸略小些，烤炉和洗炉程序也与贵铅熔炼炉相近。

贵铅氧化精炼操作，一般包括进料、熔化、造渣、出渣和出炉等步骤。

将贵铅加入炉内，点火加热，升温至 900℃ 以上，使炉料熔化，架设风管吹风氧化，风量的大小控制在使熔融的金属液面只产生波纹，以免引起金银的飞溅损失。

吹风开始使杂质氧化，形成浮渣和烟气，不断清除浮渣，随着砷、锑、铅的挥发和造渣，烟气颜色逐渐由深变浅。当砷、锑大部分除去，铅开始氧化挥发时，烟气逐渐变为灰色，随着铅的大量氧化挥发，烟气由青灰色变为淡黄色，此时，铋开始氧化，形成亮黄色的稀渣。加入苏打和硝石氧化硒、碲，当大部分硒、碲除去后，烟气逐渐变为粉红色，此时进行铜的氧化，随着铜的氧化，烟气由粉红色逐渐变为暗红色，此时，从熔池底部取出的金属样断面颜色由粉红色变化至暗红色。随着铜的进一步氧化，金属样断面出现具有玻璃光泽的大颗粒氧化铜结晶。铜经进一步氧化并大量造渣后，取出的金属样断面可看见大量析出的银白色的银，断面呈浅灰粉红色细粒结晶，局部存在大量渣。此时，再加大硝石和苏打进行清合金，并剧烈地搅拌，直至从熔池底取出的金属样光滑平整呈纯的银白色为止，此时合金中金银含量之和达 95% 以上，即可将冶金熔体浇入预先烘热的阳极铸模内，再送银电解精炼。

从阳极泥到金银合金的回收率（%）为：Au 99 ~ 99.5，Ag 96.5 ~ 98.5。

阳极泥火法处理工艺适合大规模生产，国外多将阳极泥集中起来处理、加工。表9-6为日本一些厂家铜阳极泥火法处理的技术经济指标。

表9-6　日本一些厂家铜阳极泥火法处理的技术经济指标

项　　目		小坂	日立	日光	竹原	新居浜	佐贺关
阳极泥成分	Au/kg·t^{-1}	1.13	10.45	1.91	4.96	7.44	10.10
	Au/kg·t^{-1}	222.8	129.3	207.9	166.4	81.1	90.1
	Cu/%	20.36	2.48	8.65	17.03	19.00	27.30
	Pb/%	12.54	8.9	19.32	16.78	15.6	7.01
贵铅炉熔炼	炉料总量/t	77.4	74.5	56.3	67.8	125.5	137.3
	其中：阳极泥/t	45.8	20.3	23.2	38.4	30.6	34.0
	铅铳/t	4.8	4.8	12.4			
	产品总量/t	96.9	41.8	43.4	68.6	108.5	119.7
	其中：铅/t	24.0	14.2	17.5	23.3	66.2	74.7
	铳/t	45.1	5.0		2.9		15.1
	重油消耗/t	37.3	37.3	(33100kW·h)	18.4		
分银炉熔炼	炉料总量/t	34.0	7.7	24.9	69.6	46.4	48.1
	其中：贵铅/t	23.7		19.1	23.9	35.8	33.3
	杂银/t	1.5		0.8		0.1	
	粗银/t	2.1	6.6	0.2	1.5	0.3	5.1
	熔剂/t	6.7	1.0	3.2	28.5	8.1	8.7
	产品总量/t	31.5	7.7	26.3	63.1	52.5	67.1
	其中：银阳极板/t	10.9	6.1	6.8	14.0	7.9	8.7
	氧化铅/t	20.6		9.9	43.0	33.9	24.6
	重油消耗/kg	728	5.1	(19.1 丁烷)	38.1	28.7	27.8

9.4　阳极泥的湿法处理

湿法处理指在获得金或银的过程采用湿法，除杂质过程均在水溶液中进行。

湿法流程实质上是脱除贱金属的方法，是与分银、分金工序的组合。

铜等贱金属占阳极泥重量的 70% 以上，须先脱除。银转化为 AgCl 提取，再用氨或亚硫酸钠浸出，金则均在氯化物体系中氯化浸出，然后分别还原得粗银粉和粗金粉。

近三十多年来，阳极泥的湿法处理工艺获得了很大的发展，在工业上的应用取得了突破性的进展。国内阳极泥的处理也由过去的以传统（火法）流程为主逐渐过渡到现在的以湿法流程为主。与传统流程相比，湿法流程具有以下特点：

（1）金、银的直收率高，一般可达97%~98%，高的可达99%以上，较传统流程高。

（2）生产周期短，一般为10~20天，湿法流程中金银的积压量较传统流程的少。

（3）工序少、流程短。湿法流程可产出高质量金粉或银粉，熔铸成阳极后即可进行电解精炼。从金的氯化浸出液用溶剂萃取法进行精炼，可产出一号金，完全省去了金的电解工序。

（4）不产出中间循环返料。湿法流程用分金、分银两工序取代火法流程中的熔炼炉和分银炉，不再产出占阳极泥量30%~40%的中间循环返料，有利于提高直收率和降低成本。

（5）劳动条件好。湿法流程取消熔炼炉和分银炉，避免了含铅、砷等有害元素的烟气的污染，省去了相应的收尘及烟尘处理系统的设施与作业。

（6）综合利用好。在贱金属的分离过程中，阳极泥中的有价金属均以较高的富集比，分别富集在渣中或溶液中，可以比较方便地实现综合利用。

（7）湿法处理流程适合于各种规模的阳极泥处理，尤其是中小型企业，而传统的火法流程需要一定的规模，炉子过小，操作不便。

以下介绍几种在我国已获得应用的阳极泥湿法处理工艺流程。

9.4.1　阳极泥湿法处理的工艺流程

9.4.1.1　铜阳极泥硫酸盐化焙烧-酸浸脱铜-氨浸分银-氯化分金流程

图9-4所示是我国第一个用于生产实践的富春江冶炼厂铜阳极泥湿法处理工艺流程。

硫酸盐化焙烧蒸硒-酸浸脱铜在前节已有详细叙述，湿法处理仍采用这一成熟、高效的方法。但焙烧过程中添加的硫酸与阳极泥比率更大一些，焙烧时间更长，脱铜更彻底，同时要求焙烧后有99%的银转化为Ag_2SO_4。

9.4.1.2　铜阳极泥硫酸盐化焙烧-酸浸脱铜-铜板置换银-氯化分金流程

在铜阳极泥硫酸盐化焙烧-酸浸脱铜-氨浸分银-氯化分金流程的基础上，经过一些改进，又派生出新的流程。例如，对于含硒、碲较低的铜阳极泥，烟台冶炼厂采用如图9-5所示的流程，即采用无Cl^-水浸出硫酸盐化焙烧后的阳极泥，Ag_2SO_4可溶解进入浸出液，用铜板置换浸出液中的银。但如果碲含量高时，有部分碲（25%~50%）也进入溶液，置换时有Cu_2Te产生：

$$2H_2TeO_3 + 4H_2SO_4 + 6Cu = Te + Cu_2Te + 4CuSO_4 + 6H_2O$$

使银粉品位降低。因此，湿法工艺多在酸浸脱铜时配入NaCl或HCl，使银以AgCl形态进入浸出渣。

9.4.1.3　铜阳极泥硫酸盐化焙烧-酸浸脱铜-亚硫酸钠浸银-氯化分金流程

在铜阳极泥硫酸盐化焙烧-酸浸脱铜-氨浸分银-氯化分金流程中，用亚硫酸钠作为银的配合剂代替氨，氯化分金后的氯化贵液不用还原法得到粗金粉，而是采用溶剂萃取法将金富集进有机相，并且经反萃直接得到一号金。贵溪冶炼厂即采用此流程，工艺流程图如图9-6所示。

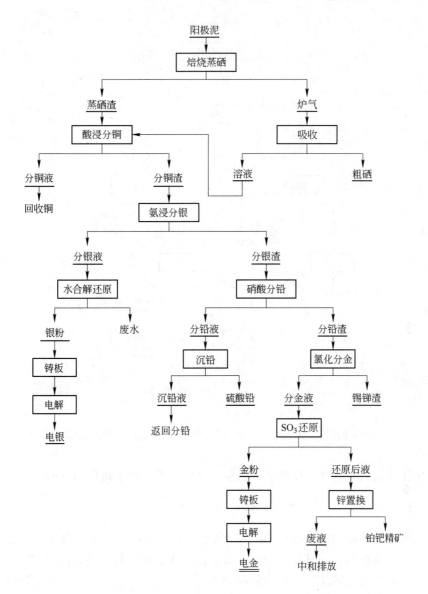

图 9-4　铜阳极泥硫酸盐化焙烧-酸浸脱铜-氨浸分银-氯化分金流程

9.4.1.4　铜阳极泥低温氧化焙烧-酸浸脱铜-氯化分金-亚硫酸钠分银流程

低温氧化焙烧-酸浸脱铜-氯化分金-亚硫酸钠分银工艺流程如图 9-7 所示，此流程最早在重庆冶炼厂采用。铜阳极泥低温氧化焙烧的目的，是用空气中的氧使铜氧化为易溶于稀硫酸的 CuO，并破坏 Ag_2Se、Ag_2Te 的结构，使硒、碲呈可溶性亚硒酸盐、亚碲酸盐的形态留在焙砂中而不挥发。碲的氧化速度比硒慢，焙烧时向炉内鼓入空气，控制最高温度 375℃，超过此温度，硒易呈 SeO_2 进入气相，并且焙砂产生熔结现象。

图 9-7 所示流程中，脱铜、硒、碲后的浸出渣分金在前，分银在后，与图 9-4 ~ 图 9-6 所示的流程恰好相反。这主要是因为采用低温氧化焙烧，部分银仍呈金属态存在，当分金

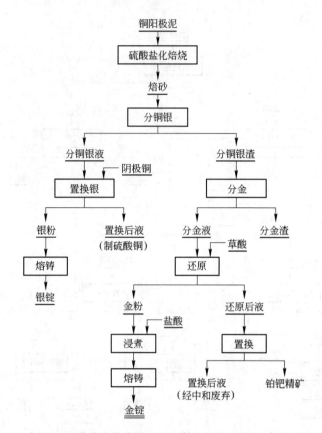

图 9-5　铜阳极泥硫酸盐化焙烧-酸浸脱铜-铜板置换银-氯化分金流程

采用强氧化性的氯化介质时，在浸金过程中也可将金属态的银转化为 AgCl。

9.4.1.5　铅阳极泥全湿法处理流程

铅阳极泥全湿法处理工艺流程如图 9-8 所示。利用铅阳极泥容易氧化的特点，铅阳极泥先经自然氧化或在 120～150℃下烘烤氧化，此时铜、砷、锑、铋转化为相应的氧化物。

氧化后的阳极泥用酸性氯化物介质浸出铜、锑、铋、砷等贱金属，使阳极泥中的金、银得到进一步的富集。脱杂后的铅阳极泥先进行氯化浸金，在进行金的浸出的同时，也使铅阳极泥在烘烤或自然氧化过程中未能转化为 AgCl 的银氧化，随后用亚硫酸钠进行银的浸出。

铅阳极泥的全湿法处理流程适合于处理金、银含量均较高的物料。

9.4.1.6　铅阳极泥控电位氯化浸出-熔炼提取金银的流程

铅阳极泥控电位氯化浸出-熔炼提取金银的流程如图 9-9 所示。在图 9-9 所示流程中，铅阳极泥经控制电位氯化浸出锑、铋、铜，以保证最大限度地脱除这些贱金属杂质，排除它们对后续过程的干扰及提高阳极泥中金、银的含量。在此流程中，脱除贱金属后的阳极泥采用熔炼法得到金银合金，再经银电解精炼和金电解精炼得到成品。这是一种湿法和火法共存的流程，适合于处理金、银含量较低的铅阳极泥。

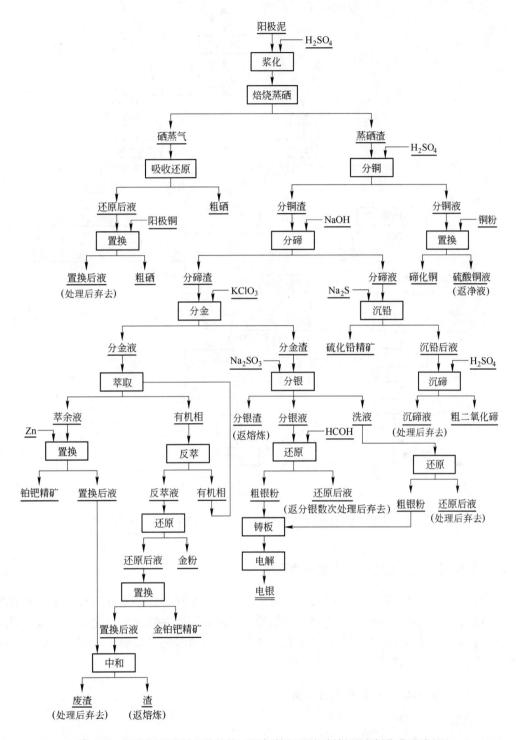

图 9-6　铜阳极泥硫酸盐化焙烧-酸浸脱铜-亚硫酸钠浸银-氯化分金流程

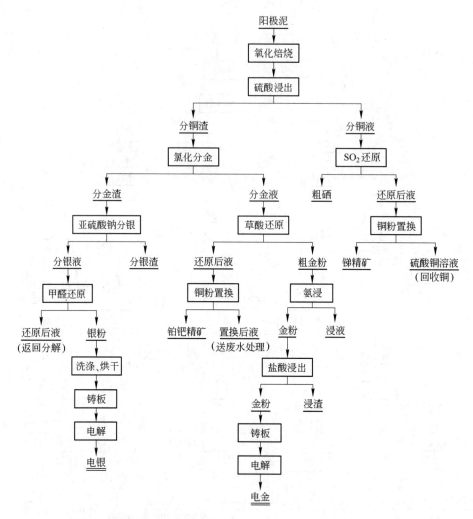

图 9-7　低温氧化焙烧-酸浸脱铜-氯化分金-亚硫酸钠分银工艺流程

9.4.2　阳极泥湿法处理过程中的贱金属分离

　　阳极泥，尤其是铜阳极泥，湿法处理与传统的火法处理一样，先分离贱金属，然后才进行金银的提取，其中一些工艺过程是相似的，例如铜阳极泥的硫酸盐化焙烧、酸浸脱除铜等，有关反应可参见本章 9.2 节。本节主要介绍后续的湿法提取金、银而采取的阳极泥中杂质金属的分离过程。

9.4.2.1　铜阳极泥中贱金属的分离

　　A　硫酸盐化焙烧

　　湿法处理铜阳极泥采用的硫酸盐化焙烧与火法流程中的硫酸盐化焙烧在本质上是一致的，湿法处理工艺中仍采用这一成熟、高效的方法。硫酸盐化焙烧的技术操作条件如表 9-7 所示，技术经济指标如表 9-8 所示。

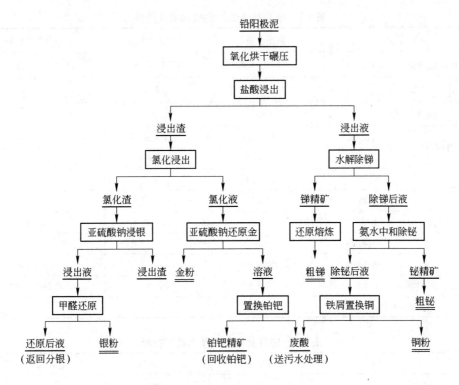

图 9-8 铅阳极泥全湿法处理流程

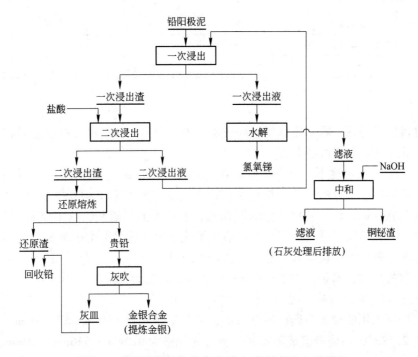

图 9-9 铅阳极泥控电位氯化浸出-熔炼提取金银流程

表 9-7　硫酸盐化焙烧的技术操作条件

项　目		贵溪冶炼厂	富春江冶炼厂	金川有色公司
阳极泥处理量（干）/t·d⁻¹		1.35~1.42	0.10~0.20	0.15~0.17
酸泥比		(0.7~0.8):1	0.7:1	1.5:1
硫酸浓度/%		93	93	98
焙烧温度	焙烧/℃	250~350	250~300	250~400
	蒸硒/℃	550~600	550~600	600~650
焙烧时间	焙烧/h	1~1.5	4	3~3.5
	蒸硒/h	2~3	10~12	3~3.5
吸收液酸度/g·L⁻¹		<500	<500	<600
负　压	窑尾/Pa	98		98
	窑头/Pa	150~200		147~196
蒸硒渣残硒/%		<0.5	<0.05	0.06~0.07
蒸硒渣颜色		黄绿	黄绿	

表 9-8　硫酸盐化焙烧技术经济指标

项　目		贵溪冶炼厂	富春江冶炼厂	金川有色公司
硒直效率/%		85	>90	86~88
处理 1t 阳极泥的消耗硫酸（100% H₂SO₄）/kg		650~950	874	1470
能　耗	重柴油/kg	470		
	煤/kg	2595		
折合/kJ		20×10⁶	70×10⁶	

B　氧化焙烧

湿法处理阳极泥的厂家采用氧化焙烧使铜阳极泥中硒、碲、铜等有价金属转化为易溶于稀硫酸的化合物以利于湿法分离。

在 350~375℃的温度下，用空气中的氧气使铜、硒化物、碲化物氧化成易溶于稀硫酸的氧化铜、亚硒酸盐、亚碲酸盐，并有少量的硒、砷呈 SeO_2 和 As_2O_3 挥发逸出。

与硫酸盐化焙烧相比，氧化焙烧的能耗低，而且不消耗硫酸，这不仅有利环境保护，而且投资省。氧化焙烧可采用远红外干燥焙烧箱式电炉，适用于中小型企业。箱式电阻炉属间断操作、作业率低、设备效率低，不适合大规模生产。

氧化焙烧操作的技术条件如表 9-9 所示，干泥焙烧能力为（0.6~0.8）t/d，金、银的回收率均大于 99.5%，每吨干泥的电耗为 900kW·h。

氧化焙烧所采用的设备为远红外电阻炉，其规格通常为 1740mm×1044mm×1530mm，炉内容积为 2.78m³，用烧舟盛装阳极泥，烧舟的规格为 920mm×576mm×70mm，烧舟内阳极泥的厚度为 2mm，一炉可装烧舟 20 个，电阻炉的功率为 16.8kW。

表 9-9	氧化焙烧操作的技术条件
项　目	条　件
阳极泥粒度/mm	0.7 ~ 1.65
焙烧温度/℃	350 ~ 375
空气流速/L·min⁻¹	30
料层厚度/mm	30 ~ 40
干燥焙烧时间/h	8
单炉焙烧能力/kg	200 ~ 225
日处理炉次/炉·d⁻¹	2 ~ 3

表 9-10 酸浸分离铜等贱金属的技术操作条件

项　目	重庆冶炼厂	贵溪冶炼厂	富春江冶炼厂
原料	氧化焙砂	蒸硒渣	蒸硒渣
硫酸浓度/g·L⁻¹	150	80 ~ 150	280 ~ 320
液固比	4:1	(4~5):1	4:1
反应温度/℃	80 ~ 90	80 ~ 90	80 ~ 85
反应时间/h	2	3 ~ 4	5
食盐用量:理论量		1.2:1	1.1:1
盐酸用量:理论量	1:1		

C 酸浸分离铜

酸浸分离铜的物料对象是硫酸盐化焙烧的蒸硒渣和氧化焙烧的焙砂。在蒸硒渣中，铜、镍、银、硒、碲等元素已转化成易溶化合物；而在氧化焙烧的焙砂中，除银较难转化为易溶化合物外，其他的元素也转化为易溶的化合物。当用稀硫酸浸出时，它们即进入溶液，实现与金、银的分离，使金、银的品位得以提高。在蒸硒渣和氧化焙砂的浸出过程中，对以 Ag_2SO_4 形态进入溶液的银通常是加大氯离子，使银生成 AgCl 而重新进入渣相中，或让银留在液相中，用铜置换得粗银粉，或在溶液中再加氯化物使银以 AgCl 沉淀出来。本节主要论述在分离铜等贱金属的过程中使银留在浸出渣中的酸浸技术条件，如表 9-10 所示，有关的技术经济指标如表 9-11 所示。

表 9-11 酸浸分离铜等贱金属的技术经济指标

项　目		重庆冶炼厂	贵溪冶炼厂	富春江冶炼厂
浸出率/%	Cu	98 ~ 99.6		99
	Se	>98	84.4	
	Te	>98	50	
处理 1t 阳极泥（干）的消耗/kg	硫酸（98%）		500	800 ~ 1000
	盐酸（31%）	70		
	食盐（>90%）		55	

D 碱浸分碲

分碲是为从分铜渣中尽量脱除碲、铅、砷等杂质，为后续的分金作业准备杂质含量低而金银富集比高的原料，并为提取碲、铅等有价元素创造条件。尽管酸浸分铜中碲的浸出率可高达50%左右（如贵溪冶炼厂），但因渣量少，分铜渣中碲含量仍高达6%。用这种分铜渣直接氯化浸金，金的产品质量和回收率均较差。而用碱浸分碲渣再进行氯化浸金，则金的产品质量和回收率均较好，因此当阳极泥中碲含量高时，浸金前进行分碲是不可缺少的原料准备作业。用10%的氢氧化钠溶液浸出分铜渣，使碲、铅和砷分别以亚硫酸钠、铅酸钠和亚砷酸钠的形态进入液相。

分碲过程中金、银在渣中进一步富集，硫酸浸出分铜时生成的氯化银可转化为氧化银，在溶液中的损失量很小。碱浸分碲的技术操作条件如表 9-12 所示，主要技术经济指标如表 9-13 所示。

表 9-12　碱浸分碲的技术操作条件

项　目	指标
单槽能力/kg	200 ~ 250
氢氧化钠含量（质量分数）/%	10
液固比	(5 ~ 6) : 1
反应温度/℃	80 ~ 85
搅拌时间/h	2

表 9-13　碱浸分碲主要技术经济指标

项　目		指标		
		工业试验	设计	生产
浸出率/%	Te	72.00	78.19	72.20
	Pa	26.00	27.62	26.00
	Ag	94.40	94.39	95.00
	Bi	9.52	9.52	
渣含碲/%		2.26	2.16	2.03
碲直收率/%			76.90	72.00
渣率/%		75.33	75.33	75.00

E　硝酸浸铅

当铜阳极泥中铅含量较高时，经过脱铜、脱碲等处理后，先进行银的浸出，但进入氯化浸金前的物料仍含有较高的铅。在进行银的浸出时，可加入碳酸铵或碳酸钠将渣中的硫酸铅或氯化铅转化为 $PbCO_3$。当用硝酸溶液浸出分银渣时，渣中固态的 $PbCO_3$ 与硝酸反应：

$$PbCO_3 + 2HNO_3 = Pb(NO_3)_2 + CO_2 + H_2O$$

铅以硝酸铅的形态进入溶液，产出的分铅渣含金比阳极泥高 4.5 倍，有利于氯化浸金。硝酸浸铅操作的技术条件如表 9-14 所示。

表 9-14　硝酸浸铅操作技术条件

项　目	指标	备　注
液固比	(6 ~ 8) : 1	
硝酸初始浓度/mol · L^{-1}	2	按铅含量计
温度/℃	常温	
搅拌浸出时间/h	2	加酸后计时
终点 pH 值	1 ~ 1.5	无 CO_2 逸出为止
分铅渣含铅/%	2	
加酸方式		边搅拌，边加硝酸，以防止冒槽

分铅过程铅的直收率大于 90%，每千克铅硝酸的消耗为 0.37kg，每千克铅碳酸钠的消耗为 0.80kg。

9.4.2.2　铅阳极泥中贱金属的分离

A　酸浸

自然氧化或在 120 ~ 150℃ 下烘烤氧化，铜、砷、锑、铋转化为相应的氧化物。在含氯离子的酸性溶液中，铜、锑、铋、砷等贱金属的氧化物均反应生成可溶于水的配合物：

$$CuO + 2H^+ + 4Cl^- = CuCl_4^{2-} + H_2O$$

$$Sb_2O_3 + 6H^+ + 8\,Cl^- === 2SbCl_4^- + 3H_2O$$
$$As_2O_3 + 6H^+ + 8\,Cl^- === 2AsCl_4^- + 3H_2O$$
$$Bi_2O_3 + 6H^+ + 8\,Cl^- === 2BiCl_4^- + 3H_2O$$

贱金属的配合物中，$SbCl_4^-$ 极易水解成 SbOCl，为使浸出液稳定，需有足够的氯离子浓度和酸度。对成分（%）为：Au 0.4～0.9，Ag 8～12，Sb 40～45，Pb 10～15，Cu 4～5，Bi 4～8，As 0.87，Fe 0.62，Zn 0.03，Sn 0.001 的铅阳极泥，液固比为 6:1，温度 70～80℃，终酸 1.5mol/L，浸出液氯离子的总浓度为 5mol/L 的条件下浸出 3h，锑、银、铜、砷、铅的浸出率（%）分别达 99、98、90、90、29～53。

铅阳极泥无论是自然氧化还是焙烧氧化，阳极泥中仍有部分金属物料未被氧化，为了提高贱金属的浸出率，酸浸时有时须加入氧化剂。氧化剂可以用氯酸钠或氯气，氧化剂加入时必须控制氧化还原电位在 400～450mV 左右，否则将影响金、银的回收率。

应注意，当溶液中 Cl^- 浓度和温度均较高时，银以 $AgCl_2^-$、$AgCl_3^{2-}$ 等配合物形式进入溶液。为减少银的浸出率，浸出时应当控制适当的 Cl^- 浓度，将浸出矿浆冷却至室温再过滤，通常滤液中银的含量约为 100mg/L。

B 碱浸

铅阳极泥如金、银的含量较低，在采用氯化酸浸除去贱金属杂质后，进入火法熔炼之前通常进行碱浸处理。碱浸的目的是将酸浸渣中的氯化银转化为氧化银，以利于后续的熔炼作业，故碱浸又称为碱转化。碱浸时还能脱除酸浸渣中的铅，使银进一步得到富集，因此碱浸渣也称富银渣。

对于含硫较高的物料，酸浸时碲浸出率为 80%～86%，碱浸时碲可再浸出 5%～10%，使碲的浸出率达 90% 左右，以消除碲对金、银提取的干扰。

复习思考题

9-1 简述铜、铅阳极泥性质和成分是什么。

9-2 铜阳极泥焙烧-电解法处理的主要步骤有哪些？

9-3 画出铜阳极泥焙烧-电解流程工艺流程图。

9-4 阳极泥湿法处理的流程有哪些？

参 考 文 献

[1] 卢宇飞. 冶金原理 [M]. 北京：冶金工业出版社，2009.

[2] 陈国发. 重金属冶金学 [M]. 北京：冶金工业出版社，1992.

[3] 铅锌冶金学编委会. 铅锌冶金学 [M]. 北京：科学出版社，2003.

[4] 彭容秋. 重金属冶金工厂原料的综合利用 [M]. 长沙：中南大学出版社，2006.

[5] 彭容秋. 铅冶金 [M]. 长沙：中南大学出版社，2004.

[6] 彭容秋. 镍冶金 [M]. 长沙：中南大学出版社，2005.

[7] 彭容秋. 锡冶金 [M]. 长沙：中南大学出版社，2005.

[8] 王辉. 电解精炼工 [M]. 长沙：中南大学出版社，2005.

[9] 孙戬. 金银冶金 [M]. 北京：冶金工业出版社，1998.

冶金工业出版社部分图书推荐

书　名	作　者	定价(元)
冶金工程专业英语	孙立根	36.00
冶金工艺工程设计(第3版)	袁熙志	55.00
冶金热力学	翟玉春	55.00
冶金动力学	翟玉春	36.00
冶金与材料近代物理化学研究方法(上册)	李　钒	56.00
冶金与材料近代物理化学研究方法(下册)	李　钒	69.00
冶金电化学研究方法	刘国强	59.00
冶金电化学	翟玉春	47.00
冶金反应工程学	王林珠	39.00
冶金原理学习指导与习题解析	权变利	32.00
冶金原理实验及方法	韩桂洪	39.00
冶金物理化学实验研究方法	厉　英	48.00
现代烧结造块理论与工艺	陈铁军	49.00
特种熔炼	薛正良	35.00
Fundamentals and Application of Hydrometallurgy	Feng Xie	59.00
电磁冶金学	亢淑梅	28.00
冶金设备基础	朱　云	55.00
钢铁生产虚拟仿真认知实践	吕庆功	56.00
现代冶金试验研究方法	杨少华	36.00
冶金工程专业实习指导书——钢铁冶金	钟良才	59.00
钢铁冶金虚拟仿真实训	王　炜	28.00
铁合金机械设备和电气设备	许传才	48.00
洁净钢与清洁辅助原料	王德永	55.00
Continuous Casting Process and Technology　连铸工艺与技术(双语版)	马胜强	49.00
有色金属冶金新工艺与新技术	俞　娟	56.00
有色冶金科技英语写作	谢　锋	38.00
有色金属冶金学实验教程	李继东	18.00
有色金属冶金实验	王　伟	28.00